ドキュメンタリーを作る2.0

スマホ時代の映像制作

山登義明
Yamato Yoshiaki

京都大学
学術出版会

ドキュメンタリーを作る2・0——スマホ時代の映像制作◎目次

はじめに 1

第一部 映像作りのプロセスを学ぶ――番組制作実習授業 7

コラム

はじめに

●新しい時代がきた

私が二〇〇六年に本書の前身になる『ドキュメンタリーを作る』を刊行した当時、ＩＴの世界では「ウェブ２・０（Web 2.0）」ということが話題になっていました（『ウェブ社会をどう生きるか』西垣通著　岩波書店二〇〇七年）。従来のウェブ（ウェブ１・０）に比べ、一般ユーザーがはるかに参加しやすい状況を指す言葉です。それまでのホームページはプロが作成するもので一般ユーザーは眺めるものでしたが、ウェブ２・０では一般ユーザー自身が情報発信できるようになりました。現在隆盛のツイッター（Twitter）やフェイスブック（Facebook）などのＳＮＳ（social networking service）がその好例です。

集合知を集めたウェブの百科辞典ウィキペディアもウェブ２・０現象の一つにあたるでしょう。つまり、「単方向のマスメディアから双方向のネットワークメディア」への進展の状況を示す言葉です。

映像発信でも単方向から双方向に流れが変わりました。これまでネットに映像をアップするのはビデオ愛好家など限られた層でしたが、二〇一四年後半からスマートフォン（以下スマホとする）のカメラ機能を活用した動画投稿者が爆発的な数になってきました。渋谷駅前のスクランブル交差点の雑踏の中にスマホカメラを載せた自撮り棒（selfie stick）が林立するようになった頃です。

誰でも撮影できて、誰でも編集できて、誰でも映像発信できる、どんな映像でも誰でも受信できる――ウェブ２・０のひそみに倣って、私はこの時代を映像メディア２・０と名付けてみたいと思いますが、そうした時代の到来は、私が身を置くテレビ番組制作の世界にも大きな影響を与えています。時代の画期的変化に合わせて改訂した本書のタイトルを『ドキュメンタリーを作る2・0』としたのも、そうした背景からです。まさしく新しい時代が来たのです。

●番組を自分たちの手で作る

京都大学で教えてみないかと誘いを受けたのは、二〇〇二年の夏のこと。声をかけてくれたのはNHKの先輩で、辣腕プロデューサーであり名キャスターであった柏倉康夫です。彼はNHKを定年退職した後に第二の人生として教鞭をとっていた京都大学を辞めたばかりでした。彼は自分の古巣を紹介してくれたのです。

このようにして二〇〇三年春から、私は京都大学の二十世紀学という新しい学問の一部門として「映像メディア論」を担当することとなりました。これまでもいくつかの大学で非常勤講師として教壇に立ったことはあるものの、それまでの黒板中心の講義形式にはいささか不満を感じていました。映像を制作するしくみが的確に伝わらず、映像表現上の手法になかなか理解がえられないのです。また、表現する苦労や喜びがわかってもらえないのです。これでは映像の本質にせまれないと不満を感じていました。映像の概念や理論を文字だけで語ることには限界がある、実地で作ってみないと理解しがたいものがある、そういう気がしてならなかったのです。

そこで京都大学での授業では、新しいことに挑んでみようと考えました。映像の素人である学生らの手によって、テレビ的作品、なかでも〈ドキュメンタリー番組〉を実際に作ってみようと企てたのです。学生たちが自分で企画を立て取材をし、映像編集からナレーション入れまで、すべて自らの手で仕上げることをめざしました。

そのために厳しい三つの条件をこの番組制作の授業に課しました。

1　器材はすべて電気店で購入できる市販の家庭用民生品を使用すること。

2　作品の長さはおよそ五分のショート番組を目指すこと。

3　制作期間は二〇〇三年前期の三カ月間であること。

この三条件を念頭に、実践的な映像メディア論を展開することにしたのです。

私にはいささか自信がありました。それまでの二、三年の間に私はNHKの職場研修の講師として、入社したばかりの新人たちと一カ月間の制作期間で五分間番組を作ってきた経験があったからです。なんとかなるだろうと楽観していました。授業の滑り出しはまずまずでしたが、しかし、いざ取材段階に入ると、甘い見通しだったことを思い知らされることになります。

前述のNHKでの研修の場合、ディレクター役は新人の素人でしたが、それ以外のスタッフ、カメラマンや音声マン、編集マン、ナレーターらはすべて経験豊かなプロでした。多少ディレクターがお粗末でも、スタッフがカバーしてくれたのです。しかも、随所にプロの技を使っているので画質も音質もそれなりに合格ラインに到達しています。難しいといわれる編集作業もプロの機材を使用すればそれほどでもなく、ナレーションを入れるときもプロのアナウンサーが介添えしていたので、かりに新人ディレクターでもそこそこの作品には到達できたのです。つまり、ゲタがはかされていたのです。

ところが大学では全員がずぶの素人です。助けてくれるプロは私以外に助手一人しかいませんでした。カメラや編集機にそれまで触ったことがないという、彼ら彼女らです。機器の説明、取り扱いから始めなくてはなりませんでした。たとえばカメラのスイッチが入らなかったり、入ったとしてもすぐ切れたりしてとまどっていました。マイクの操作にしても被写体からマイクが遠すぎて音声が小さくて使いものにならないことも起こりました。とくに編集作業を経験したことがある者は皆無で、〈編集〉という考え方を教えることから始めなくてはいけませんでした。ドタバタの授業となったのです。

それでも半年かけて番組制作の全工程を体験すると、番組作りの醍醐味――楽しさと苦しさが半ばする楽苦《たのくる》しさも味わえるようになりました。学生たちの動きは日を追ってシャープになっていきました。そして予定通り三カ月間で三本の番組を作り上げたのです。その作品は三本ともまったく初心者が作ったとは思えないできばえでした。

そしてつづく二〇〇四年、二〇〇五年にも、初心者の番組制作を続けて実施しました。番組の長さは少しずつのび、内容にも多様性が生まれてきました。メンバーは毎年変わっていくのですが、先輩からうけついだノウハウが少しずつ蓄積されたようで、外へ出しても恥ずかしくないレベルの作品が作れるほどになっていきました。

こういうことを可能にしたのは、最新の機材だけではありません。作り上げてゆく手順とセオリーをしっかり把握しておいたからです。つまり〈企画〉〈取材〉〈編集〉〈発表〉の過程の流れにそった番組制作の手順とセオリーさえきちんと理解すれば、誰でも番組を作れます。

本書では、四つの過程〈企画〉〈取材〉〈編集〉〈発表〉を、学生たちが体験したエピソード（成功例より失敗例が多いのですが）に即して紹介します。そして、作品のセオリーを抽出していきます。これを通して、番組作りの工程、つまり手順のあらましが理解できるようになるはずです。

最後に、そのセオリーの応用というか、二つの事例を紹介します。一つは「人間を描く」ことに重きを置くヒューマンドキュメンタリーの実践法。もう一つは、今メディアの世界でもっとも注目されるスマートフォン（スマホ）を使った番組作りの事例です。後者は東京の明治学院大学を舞台に行われた二〇一五年の実践記録を元にまとめてみました。

番組のセオリーは少しもガラパゴス化していません。セオリーは新しいツール、新しいジャンルに対応して少しずつ変わりながら進化していくのです。

第一部　映像作りのプロセスを学ぶ——番組制作実習授業

第一章　制作を始める前に

1—1　セオリーと〈他者の存在〉——番組ってなんだろう

制作実習に入るまえに、まず、テレビの〈番組〉とはなにかという考察から始めましょう。番組とは、広い意味で考えれば「放送されるものすべて（コンテンツ）」をさすといえます。新聞のテレビ欄を広げると、各放送局のおびただしいコンテンツが時間表となって並んでいます。これらをすべて番組とみなすのです。

しかし狭い意味でとらえると、番組とは「放送されるものすべてからニュースとお知らせをのぞいたもの」ということができるでしょう。ニュースとは世の中の動きの速報であり、お知らせとは暮らしの情報です。お知らせにはコマーシャルも含めて考えておきます。両者とも一般に時間が短く、三分をこえることはめったにありません。

ニュースは事件・事故の発生をタイムリーに伝えるもので、いわば社会の言論の基盤ともなるべき第一次情報といえるでしょう。それに比べて、番組は第二次情報です。ニュースほど速報性が要求されるわけではありません。それよりも事件の背景や意味を解明したり、できごとを物語ったりすることに重点がおかれます。また番組はお知らせと違って、むきだしのストレートな情報ではありません。始まりがあって中盤・山場をへて終わりにいたるまでの、構造化された物語になっているのです。そのためある程度の長さが必要となります。通常日本のテレビ界では、クォーターシステム（一五分を一単位にして番組を編成するしくみ）で運営されているため、番組の長さには、一五分、三〇分、四五分、六〇分などの種類があります。

いっぽう、個人制作によるビデオ作品は、映像の美しさ、高度な編集テクニックなどの点でプロ顔負けのものもありますが、大半のものは単純に誕生日パーティーや運動会を撮っただけでほとんど編集されていない、プライベートビデオの域を出ていないのが実情です。あるできごとの断片を記録する情報であるため、作品時間が比較的短く、物語として構造化されていません。個人制作によるビデオ作品は、お知らせやニュースに似ているのです。

授業では、プライベートビデオにありがちな情報羅列型の作品ではなく、構造化された物語をもつ番組を作ることをめざしていきたいと、私は考えています。そして、この番組作りの作業を通して、映像メディアの特性を考えていこうというのが私の本当のねらいです。

●番組と個人制作によるビデオ作品

ここですこし、番組と個人制作によるビデオ作品の差異についてさらに触れておきましょう。

私はテレビの世界で四〇年にわたって番組を作ってきました。この場合の制作スタイルは〈スタッフワーク〉です。カメラマン、音声担当（音声マン）、照明担当（照明マン）、音響効果担当、編集担当（編集マン）やナレーター、リサーチャー、ドライバーたちプロフェッショナルと一緒に作り上げてゆくスタイルです。

いっぽう、個人制作によるビデオ作品は〈ワンパーソンワーク〉です。現在さかんにおこなわれていますが、市販されているビデオカメラやパソコンによる編集機などを使用して映像作品を作りあげる個人のアマチュアたちです。先述のとおり、彼らのビデオ作品を見ると、映像の美しさ、テクニックの高度さに驚かされます。子どもの運動会や誕生会など、単なる日常生活のスケッチはそれなりに微笑ましいといったものだとしても、紀行ものや自然ものなど完成度をねらって撮った作品は、映像のレベルの高さにたまげてしまうほどです。また望遠・広角レンズの扱い、フィルターの操作もまさに玄人はだしという映像にしばしば出会います。

ところが、最後まで見終わったときにどこかものたりない作品が少なくありません。なにかがたりないのです。つまり、企画そのものが弱かったり、取材に厚みがなかったりするのです。構成も時間順に並べただけという平板な作品が少なくありません。

なぜ、趣味のビデオ作品はこういうことになるのでしょうか。

●セオリーと〈他者〉

一つはセオリーがないということです。たいていの個人の制作者は見よう見まねで制作しているのではないでしょうか。もちろん、プロのテレビ制作現場でもこれといった定型があるわけではありません。とくにドキュメンタリーという分野では制作者それぞれが独自の手法を駆使するわけですから、百人百とおりの制作法があるといっても過言ではありません。でも、締め切りがあり、一定の長さに仕上げ、放送されるという共通の条件が形成されているので、仕事として成立するためのセオリーが暗黙のうちにできあがっているのです。

これは野球のセオリーとよく似ています。野球が生まれたとき、ルールはあったかもしれませんが、セオリーはなかったでしょう。たくさんのゲームを重ねるうちに勝つための合理的なセオリーができあがってきたのではないでしょうか。セオリーは経験の中から生まれてきたのです。西武ライオンズやオリックスブルーウェーブの伊原春樹元監督や、ヤクルトスワローズの古田敦也元監督・捕手などはセオリーをよく知っていて、うまい野球をします。でも天才・長嶋茂雄はセオリーどおりではありません。この人はセオリーをこえています。だから天才です。凡人は天才のまねをするわけにはいきませんが、しかしセオリーさえ把握しておけば、天才でなくても活躍できるのです。

同様に、映像においてもそのセオリーさえ理解していれば天才でなくとも番組は作れます。凡人でも、ある水準の番組を作ることができるのです。

番組とビデオ作品が違うもう一つの理由、それは、〈他者の存在〉です。これが番組制作におおいにかかわっています。個人制作の作品は、番組と違って他者についての関心が薄いことが多いのです。

ワンパーソンワークで作るビデオ作品は文字どおりワンマンですから、自分以外に気を使わなくともよいという気楽さがあり、好き勝手に撮影したり編集したりできるでしょう。しかし、スタッフという他者が不在のまま作品を作っていくと独断に陥りやすく、自己満足や自己弁護で覆われた脇の甘い作品になりがちなのです。

さらに重大なことは観客という他者の不在です。アマチュア作品は見る人のことより作者の都合を優先する傾向があり、作者にしかわからない表現や論理の飛躍が起こりやすいのです。スタッフワークの番組制作では、現場監督であるディレクターのさらに上にいて、全体を見わたす立場であるプロデューサーが、観客の代表という役割（他者性）をはたしてチェックするのですが、ワンパーソンではその役割を確保するのが難しく、見る人のことは二の次にされます。

ところが、番組は放送されて不特定多数の人に見られることを前提に作られています。当たり前のように思うでしょうが、ここは大事なポイントです。個人制作によるビデオ作品が自分もしくはせいぜい家族や友人など内輪を対象にするのに対して、番組は格段に広範囲の人々を相手にしています。結果として、他者に見せるための努力がかたむけられ、作品のレベルも向上するのです。

私が授業でやろうとしていることは、個人制作用に市販されている機材を使いながら、スタッフワークのセオリーを参考にして、他者を意識した作品、つまり〈番組〉を制作してみようということなのです。

1―2　めざすはドキュメンタリースタイルの番組

テレビ番組にはさまざまな種類があって、七つほどの系統の番組に分類できるでしょう。

1　フィクション系――ドラマ番組
2　エンターテインメント系――音楽番組、演芸芸能番組
3　教育・教養系――学校放送番組、文化番組、趣味実用番組、福祉番組
4　科学系――サイエンス番組、自然番組、環境番組、医療健康番組
5　経済系――産業番組、農漁業番組
6　情報系――生活情報番組、社会情報番組、いわゆるワイドショー
7　報道系――報道番組

番組といっても、スタジオ内で制作するものもあれば〈ロケーション〉をして制作するものもあります。2のエンターテインメント系は主にスタジオで作られます。ロケーションとは外に出て撮影することをいい、その代表的なものはドキュメンタリースタイルの番組とドラマ番組です。

ドラマはフィクション、つまり虚構・作りものの世界です。シナリオがあって、役者がいて、演技があって、演出という特殊な技術が必要とされる世界であり、大勢のスタッフが従事し、莫大な経費もかかります。

図 1-1　かつてドキュメンタリーは、フィルムで撮影されていた

それとは逆に、ドキュメンタリーは事実を対象にした番組で、1と2の系統をのぞいた3～7の全分野をあつかうものです。

BBCのディレクターであり、ニューヨーク大学で教えるマイケル・ラビガーは、ドキュメンタリーとは「簡単に割り切れない、あるがままの人生の豊かさを記録したもの」だと語っています。あるがままの人生とは、わたしたちの身近な普通の日常です。別にセットがあるわけでもなく役者がいるわけでもありません。

制作の予算規模もドラマと比べれば格段に小さく、登場するのも出演料のいらない普通の人々です。制作にかかる費用といったら、おもに交通費宿泊費と資料費、そしてビデオテープ代ぐらいです。ドキュメンタリーはドラマのような大規模なセットや高額の出演料を必要とする装置産業ではありません。町工場のような零細手工業です。

だからといって、映像作品としてのドキュメンタリーが、ドラマに比べて訴求力が弱いわけではありません。これも一つの完結した小宇宙を形成していて、観客に強い感銘と印象を与える力をもっています。ドキュメンタリースタイルの番組を制作するということは、映像で取材し、映像で考え、映像で意見をのべ、メッセージを発信するという映像の純粋行為なのです。

そして、授業で実践し、かつこの本でとりあげてゆくのは、ドキュメンタリースタイルの番組です。最後に一言断っておきますと、一般に〈ドキュメンタリー〉といえば、事実を対象にした作品のなかでも作品性の高いものをさす場合が多くあります。ところが、本書では初心者によるショート番組をめざしているため、高い作品性までは手が届きません。ですから、ここでいうドキュメンタリースタイルの番組とは「フィクションではなく、ロケーションでビデオ撮影してきた映像で構成するノンフィクションの番組」という意味程度で考えておいてください。

●メディアゲーム

さて本格的な番組制作の作業に入るまえに、新聞を使った一つのゲームをやって、メディアということを考えるきっかけとします。メディアとは伝えること。それを実感してもらう簡単なゲームです。

新聞は「一日だけのベストセラー」といわれます。新聞がたくさんの読者に読まれるのはF・イングリスによれば、「世界のなりゆきを伝える物語がわかりやすく語られるからで、筋立て、主人公、悪党、アクションがあり、読み方の心得まで教えてくれる」からです。そのメディアの特性をつかみ、伝えるための表現とはなにかを考えるためのゲームをやってみましょう。

まず朝刊を用意します。この一枚の新聞の中にはたくさんの話題が盛られています。その中から一つの記事を選んで音声用のニュース原稿に仕上げることが課題です。ただし条件が二つあります。原稿を一分以内にまとめること。作業は三〇分以内におさめること。そうやって仕上げた作品を後で発表してもらいます。

新聞記事というものは、おなじみの5W1Hも含まれていて、もともとわかりやすくまとめられています。それをさらにリライトするのです。一分以内分の作文を新しく書くわけではありません。どこかへ出かけて取材する必要もありません。素材は目の前の新聞だけです。簡単そうに思えますが、しかし、いざやってみると、長い話を短くして一分以内にする、音で聞いてもわかるような表現に変える、内容がしっかり伝わるように話に流れをつける、……など、初心者にとってはなかなか骨の折れる作業です。

このゲームは、メディアの基本を教えてくれます。無数の記事の中から一つ選ぶということは〈企画〉することです。なぜその記事をとりあげるのかをしっかり考えなくてはいけません。さらにその記事を読み込み、辞書や百科事典を使って事実を補強したりウラをとったりするのは〈取材〉です。そして一分以内という長さにあわせて、他者に伝わりやすい形にするのは〈編集〉にあたるといってよいでしょう。しかも音声化された状態での一分という長さを実感させてくれるのです。

学生の声　《一分というのは字数にして三百。この量は意外にたくさんのことを語ることができると知りました》《タイトルや見出しをつけることで、伝える内容が明確になりました》《話し言葉は書き言葉と違って、順番に聞いていって理解されるものだということを、当たり前のことだが発見しました。最後まで聞かないとわからないという表現は、メディアゲームにおいては失敗になるのです》

第二章　企画を立てる（プリ＝プロダクション）

2―1　スケジュール

●作業のスケジュール

いよいよ授業開始です。まず、制作を始めるにあたって予定を立てましょう。作業のスケジュールです。思いつきで企画を立て、やみくもに取材編集をしたところで番組は制作できません。まず企画から発表までの大きな展望をもたなくてはいけません。

プロの現場では、三〇分のビデオ構成の番組なら三カ月、つまり九〇日ほどかけて、取材から編集、仕上げまでを遂行します。リサーチ（カメラをもたない事前取材）一〇日、撮影本番三〇日、編集二〇日、仕上げ一〇日、をそれぞれ要します。むろん休暇も適当にとりながら、待機や予備の日まで含むとおよそ三カ月になるというわけです。ビデオ構成の番組とは、さきにふれたようにロケーションでビデオ撮影してきたもので構成される番組をさします。スタジオで説明したり話を聞いたりしたものを加えません。純粋にロケ撮影されたものだけです。いわゆるドキュメンタリースタイルの番組です。

授業では、一〇分番組を作るためにこれから三カ月どのように作業を進めていくかの計画を立てました。期間は三カ月といっても授業は正味一〇日ほどしかなく、ハードなスケジュールであることは、プロの例と比較すればすぐわかるはずです。表2―1はその予定表です。

日程は、〈企画〉〈取材〉〈編集〉の三つの制作のコースと〈発表〉からでき上がっています。

四月は〈企画〉のコースです。つまり制作するための企画を立てることを三日間でやりとげることになりま

表 2-1　授業のスケジュール

	月	週	通算週	作　業
〈企画〉	4 月	第 1 週	1	企画の募集
		第 2 週	2	企画提案会議
		第 3 週	3	企画採択
〈取材〉	5 月	第 1 週	4	リサーチ
		第 2 週	5	本取材と撮影
		第 3 週	6	追加撮影
〈編集〉	6 月	第 1 週	7	編集の初期作業
		第 2 週	8	編集の本作業
		第 3 週	9	編集の後期作業
		第 4 週	10	仕上げ
〈発表〉	7 月	発表前日	-	点検
		発表当日	11	発表会

す。五月の三日間は〈取材〉。現場に出て実際にカメラを対象にむけマイクで音をひろうのです。六月の四日間は、〈編集〉のコースです。パソコンを使ったデジタル編集です。

そして七月に〈発表〉をおこないます。でき上がった作品を観客という他者に見てもらうのです。ここでの観客は受講者以外の学生、教員になります。

2—2　企画立案

四月は、三回の授業で実際に企画を立ち上げていきます。第一週で、まず企画とはなにかを簡単に説明して、企画を募集します。そして次回までの宿題として企画書の提出を求めます。

第二週では、その企画書を回収し、企画提案会議を開きます。企画立案者が企画の説明と売り込みをします。いわゆるプレゼンテーションです。ついでそれらの企画を審議していくと、追加調査が必要になることが判明します。それを次回までにおこなって、さらに練りあげた企画書を作ることになります。

第三週では、企画の最終審査がおこなわれ、どの企画を採択するかが決定されます。

●企画の募集

企画のヒントとして、私は見本の番組三本を東京から用意してきました。私の職場であるＮＨＫの新人たちがわずか一カ月で作りあげた、「キャンパスの博物館」という五分番組です。これは全国各地の大学のキャンパスにあるさまざまな博物館を紹介するもので、シュバイツァー記念館や蒸気機関車の走る博物館などがテーマのミニ番組です。

これを制作したのは入社して二カ月足らずのディレクターの卵、まったくの新入りです。そういう人たちが作った番組を三本、私は学生諸君に見せたのです。作品はたかだか五分のミニ番組ですが、かなりの量の情報を盛り込むことができ、それなりにけっこうおもしろいのです。二〇〇二年にＮＨＫ衛星第二放送で繰り返し放送され、ちょっと話題になりました。これを見せて学生たちが企画を立てるためのヒントにしてもらおうと考えました。

それを見おわったところで、私は学生にむかって呼びかけました。

「こういう作品を、みんなとともに作ってゆきたいのです。制作は正味一〇日というかなりハードな日程ですが、初心者である皆さんでも必ずこの『キャンパスの博物館』程度の作品は作れると信じています」。

といっても、単なる興味や好奇心だけでは作品を作れないのはいうまでもありません。

「この授業に参加するなら企画を提案する義務がみなさんにはあります。与えられた素材ではなく、みずから立てた企画で勝負することが求められるわけです。むろんここにいる二一名全員の作品というわけにはいかないですから、企画を全員から募集して、なかから三本選ぶことにします。企画のコンペを次回開こうと考えています」。

企画の募集を、私は宣言しました。この授業では、与えられたテキストを学ぶわけでもなく、ひな型から模造品を作るわけではありません。自分たちで立てた企画を自分の手で撮影、編集して一本の番組に仕上げることをめざすのです。

来週までに全員が企画を立ててくるよう宿題を課しました。企画のテーマとして、私は「発見！　京大の××」というお題を学生に与えました。この××にあたるものを考えて企画書にまとめてきなさいと指示したのです。つまり番組の〈枠〉を設定して、しばりをかけたのです。

番組の〈尺〉、つまり長さは五分程度としました。この長さであつかえる範囲内で「××」の中味をそれぞれ考えてきてほしいと呼びかけて、企画を募集したのです。

企画にあたっては、なんでもいいというのはかえって難しいものです。自分の身のまわりを舞台にすれば学生にとっても考えやすいだろうということで、この枠と尺を設定しました。

なお私は、最初の二〇〇三年と次の二〇〇四年も、企画のテーマは同じ「発見！　京大の××」で募集しました。取材エリアを近辺にかぎれば経費や移動時間がかからず、短期決戦に向いているだろうというねらいです。こういう全体的な仕切りは、プロデューサーの仕事にあたります。この授業では私がプロデューサーをつとめることになります。

三年目となった二〇〇五年は、やや枠の範囲を広げて「発見！　京大界隈」としました。さすがに二年同じテーマでいくとネタが少し弱くなってきたのです。それでも、キャンパス外に範囲は広げたものの土地カンがあることを優先したことは変わりません。

コラム1　尺と枠が番組を決める

番組の性格は、尺と枠で決まります。

尺とは番組の長さのことです。かつて作品の長さは使用するフィルムのフィート数で表されました。フィートが転じて尺になったのです。

番組の長さは性格だけでなく内容にもおおいに影響を与えるものです。テレビの現場では、ニュースであれば一分一〇秒が最小単位で、これだけあればできごとの5W1H（いつ・どこで・だれが・なにを・なぜ・どうしたか）を最低限表現できると考えられています。しかし、これは情報の骨組みを示すのみで、番組のように物語ることはできません。番組は、尺が最低一五分ないと成立しないと考えられています。

一五分を一つの単位として一五分、三〇分、四五分、六〇分、七五分、九〇分とさまざまなサイズの尺が、アメリカにならったクォーターシステムにより、この五〇年のあいだに生まれました。

そして番組はその尺によって内容、形式、スタイルまで規定されるようになってきました。

一五分サイズであれば、主な素材は一つまたは一つ半。物語はシンプルで主人公とその動きを中心に描きます。最小の物語です。ここで言う素材とは構成する要素を示し、やや乱暴にいうとひとくくりの話題と考えておいてください。

三〇分サイズは二つ半から三つの素材。一五分に比べて、できごとの背景まで詳しく描かれ、状況がわかりやすくなっています。物語に手ごたえがあって、ときには感動までいたる物語にもなる場合があります。

四五分サイズは三つ半から四つの素材。取材は一段と深められ構成にも曲折があって味わい深くなります。作品性が高まるのです。物語を味わうには必要にして十分な尺です。

六〇分以上のサイズはいわゆる大型番組、長時間特集と呼ばれるものです。

私がテレビ番組制作の主戦場にしてきたのは四五分でした。この尺は作り手が表現する場としては、長からず短からず最適ではないかと考えています。

映画の場合、プログラムピクチャーは一二〇分をめどにすると聞きますが、テレビはやはり四五分が標準ではないでしょうか。映画の場合は暗がりのなかで、観客はいったん席につけばよほどのことがないかぎり立ち上がることはないでしょうが、テレビは明るい茶の間でまわりがざわざわしているなかで見られます。四五分が視聴者にとって緊張や関心を持続できる最長の尺ではないでしょうか。

ですが、ここで紹介した尺はあくまでプロフェッショナルの目安です。個人制作であれば、それほど長いものをめざす必要はありません。最初は五分以内からはじめるのがよいでしょう。

もう一つの番組を決める要素が枠です。最近、テレビ番組のサブタイトルに「水10」とか「月9」という語がついています。水曜日午後一〇時からのバラエティ、月曜日午後九時からのドラマといった時間帯を表す業界語です。このように番組が放送される所定の時間帯のことを枠といいます。広い意味では番組のスタイルを決める条件を枠ということもあります。

七時台はファミリー向け、八時台はゴールデンタイムでとくに若者にむけて、一一時台は深夜帯でアダルト向けといった具合に、時間帯によってターゲットとする視聴者が異なるのです。視聴者の関心や層によって番組の性格も少しずつ違うのです。逆にいえば、枠によってその中に盛るコンテンツも違うのです。あらかじめ尺や枠が決められているほうが企画は立てやすいものです。自由に発想してなんでもありという企画は難しく、とくに初心者は当惑して思考停止におちいりやすいのです。

企画を立てるときは、あらかじめ尺や枠など制限事項（しばり）を決めておきましょう。その際、完成予定日（締め切り）も加えておくと都合がよいはずです。

完成予定日について少し触れます。中条省平は『小説家になる！』（一九九五年、メタローグ）で自分に締め切りを課すことの意義を強調しています。締め切りにならないと書かない、書かざるをえないから書くのだが、このときに無意識に考えていたものが一気に解放されるといいます。「締め切りは、その圧縮と解放される装置」と中条は語ります。

通常、個人制作のビデオには締め切りはありません。でもそのうちにと考えていると作品はできません。みずから制作の締め切りを設定しましょう。作品が一段とグレードアップすること間違いなしの秘訣です。

●企画をしっかり立てて

テレビの世界では、一本の番組を作るためには〈企画〉〈取材〉〈編集〉〈仕上げ〉という作業過程をへます。〈取材〉というのは、実際にカメラを現場にもちこんで撮影、録音をすることをさします。いわゆる本番です。これを狭い意味でのプロダクション（制作）と考えると、〈企画〉はその前段階なのでプリ＝プロダクション、〈編集〉〈仕上げ〉は後段階なのでポスト＝プロダクションと呼びならわしています。

初期段階では〈企画〉が、重要なポイントになります。

番組はまず企画ありき、です。どれほどおもしろいエピソードや迫力あるパフォーマンスがあっても、企画を立てることができなければ取材もならず、編集も仕上げもなく、番組は作れません。企画とは、番組を生み出す種のようなもので、番組のすべてはここから始まります。

前述したように個人制作の作品を見ると企画が弱いなと感じることがよくあります。運動会や発表会、海外旅行や帰省、家族や友人の話、自然や乗り物、とジャンルは豊富ですが、内容は思ったほど多様ではないのです。どの作品を見ても「行った」「言った」「食べた」という例が多いように思われます。これはしっかり企画を立てていないからです。あるできごとをどう描いてなにを伝えるかという企画が定まらないまま取材に入ると、こういう結果になりがちなのです。

たいてい撮影したいという気になるのは、できごとが予定されるときでしょう。海外旅行に出かける、伝統行事がもよおされる、文化祭で日ごろの成果が発表される、こういうできごとの一部始終であったり、できごとのなかのハイライトであったりするなにかを記録しようと思い立つことが撮影の動機づけになるわけです。これを思いつきだけにとどめてはいけません。この思いつきを忘れないために、しっかり文字に表して残しておく必要があります。取材の前段階の作業として、〈企画書〉という形にきちんと書き上げることは重要なのです。

取材、編集と作業が進むなかで、だんだんわかってくることになるでしょうが、どんな思いを伝えたいのか、作品を通してなにを言いたいのかを、しっかり確立しておくことがワンパターンの作品にならないための大事な作業なのです。

テレビ局の場合、企画書を審議する企画提案会議というものがあります。こういう番組を作ってみたいと、企画を提案する場です。企画を審査する立場からみれば、企画の価値を見きわめる場です。一次、二次、三次と三回ほど関門があって、企画および企画書はのべ十数名のプロデューサーの視線にさらされ、審査されます。なかなか合格しないものです。「提案を一〇回書き直すなんてザラ」と厳しさが伝説化するほどです。何度も書き直しをしながらディレクターはネタの〈切り口〉と〈メッセージ〉を練りあげていきます。ネタはそのままでは企画にはならないもので、いかに描くかという切り口を発見しなくてはいけないのです。しかもその切り口は誰が見てもおもしろいと思われるものでなくてはなりません。プロは書き直しのなかで、切り口を発見していきます。さらにこのネタを通して作者はなにをいいたいのか、伝えたいのかというメッセージを打ち出します。

そのメッセージが妥当であるのか共感してもらえるものなのか、企画提案会議で厳しい洗礼を受けるのです。独りよがりのメッセージほど、視聴者の心を遠ざけるものはありません。

●切り口を求めて

テレビ番組を見おわった後、「あのネタは以前から知っていた」と言って作品を過小評価する作り手がいます。本当でしょうか。実際に番組化できるのでしょうか。

もし作り手であるならば、なぜ自分でいちはやく企画を立てなかったのでしょうか。ネタの存在を知りながらなぜ放置したのでしょうか。おそらくネタは知っていても番組化する切り口を発見できなかったのでしょう。あるいはいかなる切り口の物語にするか思いつかなかったのでしょう。それができなければしょせん負け犬の遠吠えです。切り口を発見するというのは実に大きな意義をもつのです。

話題やテーマをひっくるめてネタとします。オリンピック、ワールドカップ、終戦記念日、自然大災害、少子化など話題になること必至のネタというものがあります。社会にとって重大な関心を集める話題やテーマです。

ところが重大なネタであるとわかっていても、どうやったら番組という形にできるか、だれしも悩むのです。このネタをどう料理するか、いかなる視点で見せていくかということが〈切り口〉です。

私が広島でプロデューサーとして働いていた一九九二年のことです。中堅のディレクターが新聞の切り抜きを私に提示しました。「中国新聞」の片隅に「原爆小頭症の男性が東京の病院で死去」という小さな記事をみつけたというのです。記事によれば、その男性は一人暮らしで、看取る人もなく病院でなくなったというのです。原爆小頭症とは、三週間から一七週間の胎児が母の胎内で放射線を浴びたときに多く発現する障害です。脳が小さくなって生まれるため知的障害をともなうことが多く、一人で生きるのは難しい病気のはずです。ところが、その人は故郷を早くに離れて大都会で一人で生きてきた、と新聞は報じていました。ディレクターは彼の人生を詳しく知りたいと事前リサーチを申し出たのです。

この人はやはり母親が広島で被爆していて原爆手帳をもっていました。番組にしたいと考えましたが、いっこうに手がかりがありません。番組化する切り口が見あたらないのです。ディレクターは彼がなくなったときの状況を再度克明にリサーチしてみました。するとこの人は「モリチョウさん」と呼ばれ、病院へくるまでに職を転々としていることが浮かびあがったのです。死亡時の住所から前住所を調べ、さらにそこから前々住所を調べるという具合に、経歴をさかのぼっていきました。そして、その逆算の調査そのものを番組の骨格におくという切り口を発見し、企画書にまとめました。これは最終的にはＥＴＶ特集「モリチョウさんを探して——ある原爆小頭症児の空白の生涯」という番組に結実し、放送されることになりました。

モリチョウさんは町工場の工員、パチンコ屋の住み込み店員、浅草ストリップ劇場の従業員と転職を繰り返しながら、いわば社会の底辺で生きていました。そして周囲にはモリチョウさんと同じように恵まれない境遇の人たちがいました。その仲間たちに見まもられ、たがいに支えあってモリチョウさんは生きていたことが、調査にしたがって徐々に明らかになります。この番組は静かな反響を呼び、その年の秋、放送文化基金奨励賞を受賞しました。

こういう具合に、切り口を発見すれば、企画はなかば完成したようなものです。

2―3　企画書

●企画書を書く意義

企画書は番組作りの基本設計図です。いかなる素材を使ってなにを表現しようとするかを文字で表したもので、ねらいと構成内容が書かれています。これは企画提案会議に提案されて承認を受けます。おもしろそうだ、やるべきだ、という他者の賛同を得るのです。その後、これを自分の番組のマニフェストとして、制作者は取材に編集にと乗り出します。

企画書など書かずにさっさと取材を始めてしまえばいいではないかと思うかもしれません。しかし、ここであえて、企画書を書き上げるのは理由があります。企画書を書いておいて、実際の作業時においての指針・趣旨書にすべきなのです。いまから制作しようとする番組はどういう素材を使ってなにを伝えようとするものか、なぜこれをとりあげるのか、ということを高らかにうたいあげておくのです。

前述したように、番組制作はスタッフワークです。ディレクター一人で作るわけではありません。一般に企画はディレクターが発案しますから、あとから参加してくるカメラマンや音声マンらスタッフに、番組の内容、ねらい、スタイルを伝えねばなりません。その説明のためにも企画書を用意しておくわけですが、個人制作であっても取材、編集、仕上げの過程をへていくときに、いつも方針を忘れないために企画書を作っておくべきなのです。

いざ、現場へ来て取材を開始すると、当初の予定と違ってきたり、話のつじつまが合わなくなったりして、何度も迷ったり悩んだりすることが起こります。企画書に書かれた素材はどんどん変わっていくことがあります。でもそれは当然です。現実は動いていますから、当初の構想から事態はどんどん外れてくることが起こるのです。「こんなはずじゃなかったのに」とぼやきはじめ、「うそーっ、話が違う」と頭をかかえたくなることなど、番組を作っていればしょっちゅうあることです。そういう事態になると、ディレクターは、いったい自分がなにをしようとしていたのかわからなくなってしまうものです。

そんなとき企画書を読み直すと、最初にやろうとしていたことや伝えたいと考えたメッセージ・方針にかえることができます。作業にブレが生じたときに、企画書は迷った精神をリセットしてくれるのです。

さらに、企画書は編集段階でもおおいに役立ちます。制作者の頭のなかではいろいろな要素がたがいに関係づけられているとしても、観客にはそうはいきません。編集がうまくいかず話の筋が通っていないと、他者には伝わりにくいものです。そこで、あらかじめ要素や素材を整理され方針を定めた企画書を参考にして、編集をやりなおせば、道がどんどん開けてくるということも起こるのです。

迷ったら、企画書にもどれ、ということです。

●企画書の書きかた

さて、企画書について具体的に考えていくことにしましょう。図2―1を参照してください。

1　**番組名**――作品のタイトルを記入します。副題もあればすべて書きます。
2　**提案部局**（企画者名・制作者名）――たいていは同一名でしょうがときには違うこともあるはず。
3　**放送希望**――放送日をいつごろに設定するか。時代を読みながら。
4　**内容時間**――作品の時間の長さ。
5　**ねらい**――作品のねらいや伝えたいこと。作者のメッセージ。
6　**内容・構成・演出フォーマット**――作品を構成する素材。
7　**取材期間**――ここには取材期間だけでなく、編集・仕上げの期間も含めて。
8　**完成予定日**――おおよその予定。いつごろ、作品はでき上がるのか。

以上のことがらが、企画書として書きこまねばならない要素です。

要素のなかでも難しいのが〈ねらい〉と〈内容・構成・演出フォーマット〉です。この二つはくわしく説明します。ねらいは、制作者の意図・メッセージです。プロの現場では「お経」と呼んでいます。この作品を通して世の中にこういうことを伝えたい、知らせたい、知ってほしいという制作者の思いを書きます。作品を取り巻く状況や環境について主張することもあります。つまり、なぜいまこの主題を取り上げるのかという、作り手の時代認識を表明する場合もあるのです。

次に、内容・構成・演出フォーマットでは、作品のアウトラインを簡単明瞭に説明します。

1　主題――どんなできごとか。主人公は誰か。何がおもしろいのか。

2　素材――主題を表す素材。エピソードや動き。直接主題を表すだけでなく、別視点からとらえた副素材も。

3　手法――やりくち。どんなふうに描くか。演出。どんなふうに仕立てあげるか。たとえばビデオテープだけで構成するのか、スタジオでのトークも入れるのか、など。番組の全体図を示す。できるだけわ

（13年5月14日作成）

番組提案票	ＰＤ	ＣＰ	
		山登	

番組名	放送希望	内容時間・本数
祈りのチェロ　神戸から世界へ ～第1回神戸国際ﾁｪﾛﾌｪｽﾃｨﾊﾞﾙ～	平成13年9月	60分　×1本

（ねらい）

阪神・淡路大震災から6年、都市の復興はめざましい。だが、多く人々の心は未だ傷を抱えている。それは21世紀を生きる世界の人びとの苦悩と重なる、と言えるかもしれない。戦火が消えた後も、心の傷は容易に消えず、癒しを求める切実な思いは絶えることがない。

この夏、世界各国から1000人のﾁｪﾘｽﾄが集う「第1回神戸国際ﾁｪﾛﾌｪｽﾃｨﾊﾞﾙ」が開かれる。ボランティアのチェリストが被災者の心を応援し、同時に平和への祈りをチェロの調べに乗せて世界に発信する。

番組は、ﾁｪﾘｽﾄや関係者がﾌｪｽﾃｨﾊﾞﾙ成功に向けて奮闘する姿を追いながら、各国・各人の背景や思いを描き出す。ｹﾞﾈﾌﾟﾛ（予行演習）やﾏｴｽﾄﾛによるﾜｰｸｼｮｯﾌﾟなど、このﾌｪｽﾃｨﾊﾞﾙに関わるｲﾍﾞﾝﾄを取材しながら、多様な思いが交錯して一つの調べが奏でられてゆく模様をドキュメントする。

（内容・構成・演出フォーマット・出演者など）

「被災者への励まし」から「祈りの世界発信」へ

ﾌｪｽﾃｨﾊﾞﾙを呼びかけたのはﾎﾞﾗﾝﾃｨｱのチェリスト。3年前に行われた震災復興支援ﾁｬﾘﾃｨｺﾝｻｰﾄを引き継ぐ形で企画された。参加するのは世界11ヶ国のﾌﾟﾛ・ｱﾏのチェリストたち。世界的なマエストロも名を連ねる。今回は被災者の心を励ますという3年前の目的を踏まえながら、もう一歩進んで「平和への祈り」を世界に発信する。被災者の心の痛みへのｱﾌﾟﾛｰﾁは、平和を求める世界の人々へのｱﾌﾟﾛｰﾁに通じる、という考えだ。

壮観・1000人が奏でる祈りの調べ

神戸在住のMさん(52)は震災で知人を大勢亡くした。鎮魂の思いと、今なお苦しむ人々へのエールを込めてチェロを奏でる。生活苦に悩む地区の友人をしばしば訪ねるMさんの胸に「神戸はすっかりきれいになったね」という他県の人の言葉が刺さる。今なお消えない胸の痛みを、音楽を愛する世界の仲間となら分かち合える、とMさんは思う。1000人が同時に奏でるチェロの響きに乗せて、胸の痛みを「祈り」へと昇華したい、Mさんはそう願いながら外国人と交流を深め、コンサートに臨む。

音楽は心を結べるか

日本、韓国、ﾌｨﾘﾋﾟﾝ、ﾄﾞｲﾂ、ｱﾒﾘｶ…参加者は様々な国から、それぞれの思いを抱いて応募した。彼らは日本各地、ｿｳﾙ、ﾍﾞﾙﾘﾝなどで個別に練習を積む。そして2回の全体練習を経て7月29日に大合奏を迎える。

今回、フィリピンのセブ島からは二人の少女が参加する。Dさん(18)とGさん(14)だ。ふたりは日本人の海外青年協力隊員からﾁｪﾛの手ほどきを受けた。彼女らは祖父母や親戚から第二次世界大戦の話を聞かされ、日本人に対して複雑な思いを持ったこともある。しかし「ｺﾝｻｰﾄでいろんな国の人と仲良くなりたい。音楽を愛する気持ちで素直に手を結びたい」と願う。

千の思いが集い、ｺﾝｻｰﾄが始まる。巨匠ｶｻﾞﾙｽが平和への祈りを込めて作曲した「鳥の歌」が会場に響く…

取材期間	完成予定	
平成13年6月～7月	平成13年8月	

図 2-1　企画書の例。ねらいと構成内容が書かれている

かりやすく、すっきり短く書くことが肝心。

そして最後に忘れてはいけないことは意欲の表明です。企画を立てた私は、この主題にどれほど惚れているかということをアピールしておくのです。作品にかける情熱、意気込みを企画書に吹き込んでおくことはなにより大切です。

学生の声《一つの映像作品を作るうえで、「伝える」という行為、「伝えたい」という気持ちは重要であり、そのためドキュメンタリーは強いメッセージ性をおびます。ありのままの映像をただ流し続けるだけでは、見ている人になにも伝わりません。制作者の意図や情熱を、視聴者への提案として表現することで、はじめて映像は力をもつのだと感じました》

2―4　企画の検討

●企画提案会議

四月の第二週の授業。宿題を出してからわずか一週間しかなかったのですが、予想以上に多数の企画が集まりました。出席者二一名全員が提出したのです。なかには一人で三本も書いてきた人もいました。

この授業は文学部二十世紀学の科目なのですが、実は他学部からの受講者が三名もぐりこんでいました。聞けば映像が大好きで、趣味で制作した経験があるというSM君とSWさん。もう一人は中国からの留学生で博士課程三年のYさん。

さっそく、宿題の企画書三〇枚を回収してざっと目を通しました。さまざまなネタがありました。クラスメイトのカップルのこと、人力車のアルバイトに精を出す学友のこと、キャンパスの近くにある喫茶店のこと、古書店の名物親父のことなど、どれもそれなりにおもしろそうな話ですが、企画と呼ぶにはいたらない単なるアイディアの域を出ていません。枠「発見！　京大の××」と、尺「五分程度」というあらかじめ与えられた企画の条件におさまっているとも思えません。いろいろ問題はあるにしろ、私はプロデューサーという立場に立って企画を審査する会議を開きました。学生の側からみると企画を提案する会議です。

企画を一本ずつ審査していきます。学生たちは順番に自分の企画を説明提案していきます。

たとえば、「クラスメイトのカップル」の企画は、学生結婚した二人とその子供のストーリーです。学業と育児を両立させるために二人は乳児を保育所に預けている。その保育所は地域がら京都大学関係者の子どもばかりで、親にも学生が多いという。この企画を提案した者は学業と育児をどうやって両立させているのかを知りたいことから発案したそうです。

目のつけ所は悪くなく、話もおもしろそうですが、企画者は保育所とカップルの両方を紹介したいと欲ばって考えていました。しかし、保育所とカップルの育児という二つのイベントがあると、五分という尺にはとてもおさまりそうにもありません。また、育児シーンの撮影も時間がかかりそうです（幼児を取材対象にするのはとても難しいのです）。初心者の取材としては荷が重いこと、尺を守れないというのが、この企画に対する私の評価で、この企画は不合格としました。

企画会議では、企画を採択する側のプロデューサーは、まず事実関係の説明を受け、わからない点や予算、日程について質問をします。その答えを聞き、企画書を読みこみながら、プロデューサーはゴーサインを出すかどうかを決めていきます。合否の判断はネタの話題だけで決めるわけではありません。実際に取材できる事がらか、日程的・経済的に可能かどうかということも考慮するのです。

大学の近所にある喫茶店「進々堂」を取り上げた企画がありました。京都大学生から親しまれてきた戦前からの老舗です。店内はシックで、いかにも学生街の喫茶店といった風情のある茶房です。提案者は映画史を専攻する大学院生とあって映像効果もなかなか計算に入れてありました。劇映画の舞台にもなりそうな素材なので、映像的ではないかと考えこれを取り上げた気持ちはわかります。しかし、こういうものは実はドキュメンタリーとしては映像化しにくい素材なのです。この企画では店そのものが主人公になっていて、人間が二の次になっているところが難点です。力量があれば別ですが、初心者の企画としては建物という動きのないものを「動きのある」映像でとらえるというのはきわめて難しいものなのです。主人公をモノでなく人間とすることが、企画を立てるときのコツです。

参考までにあげておきますと、次の年の二〇〇四年度も同じテーマ「発見！　京大の××」で、企画を募集しました。タイトルだけ紹介します。

◎二〇〇四年度授業で提出された企画

京都の清流・鴨川／京大の食卓／京大の地下バー／大学の管理強化／京大の「心のノート」、／京大の文化財／京大の吉田寮／キャンパスの掃除のおばちゃん／謎の受験生／京大西部講堂／京大の鐘／学生食堂の法則／鳥人間サークル／京大の裏方／京大の小悪魔／キャンパスの自転車整頓おじさん／京大美女図鑑／京大の愛唱歌「紅萌ゆる」／京大の「チャリンコ」／京大のウォシュレット／京大の応援団／大学の門戸開放／京大のとある一日／京大のタテカン（立て看板）／（その他タイトルなし二本）。

そのなかからいくつかおもしろい例をあげます。

例1　「発見！　京大のタテカン――国立京都大学の残影」：二〇〇四年から、京都大学は独立行政法人となった。それを機に変化するキャンパスを、タテカンの扱いをめぐって考えるという企画。

◎私の評価――いま起きていることを番組にするというジャーナリスティックな視点はテレビ番組にふさわしい。ただし、意見が分かれるものの取材は、相当の力量がないとできません。

例2　「発見！　京大のウォシュレット」：旧制三高時代からの校舎であるA号館が改築された。建物が近代化するいっぽうで京大の良き学風が消えていくのでは、と提案者が危惧したところから発想した企画。変化の意味を新旧のトイレを通じて考察するユニークなもの。

◎私の評価――発想はユニークだが、実際にトイレの比較をどう映像化するかについて企画者にアイディアがない。これは映像より文章での表現に適した世界ではないだろうか。

例3　「発見！　京大の『心のノート』」：文部科学省が学校現場に配布した「心のノート」は、こどもの「心の教育」に資するためと言われるいっぽう、批判も多い。このノート作成にかかわった教育学部の名誉教授・文化庁長官の河合隼雄に直撃取材をする。

◎私の評価――抽象的なテーマを提起したことは野心的だ。その企画書には「気合」という項目があって、企画者の意気ごみはわかった。だが強い思いとは別に、番組制作という観点から企画を見ると、インタビューだけで構成された、アクションが少ない単調な番組におちいりやすいという欠点がある。

これらの二〇〇四年度の企画は、授業が二年目となったこともあって明らかに前年より向上していました。単なる思いつきだけでなく、事前にリサーチもしてあって、その資料などもそえられた状態で提出されてきたのです。

さらに次の二〇〇五年度になると、「発見！　京大の××」ではネタがつきてきました。そこで、取材エリアを大学周辺にまで拡大して、お題を「発見！　京大界隈」としました。よくこんな話を探してきたなと感心するものからお遊びめいたものまでさまざまです。

◎二〇〇五年度授業で提出された企画

焼きたて！　名曲喫茶／お地蔵さんめぐり／百万遍と知恩寺／路傍の石仏／パン屋「柳月堂」／朝鮮人学校の世界／石垣カフェでコーヒーを／朱い実保育園／京大生のうらがわ／フランス語がくれるもの／昔の人の生きた跡／あの曲の謎を追う／「進々堂」が見てきた京大／雑貨万華鏡／鴨川で鳥と出会う／鴨川デルタのもう一つの顔／京文化と寺院／京大生の愛読書／文学の生まれた場所／（その他タイトルなし三本）。

学生の声 京大の昭和男――人生は人力車のように」は、まずモノがないなあということだ。この素材だけでは、単にいまどきの変わった大学生といった程度のインパクトしかなかったし、人物をしっかり描くには五分は短すぎるということなどが思いあたった》《私の提出した企画は「京大のドラゴンボール」（キャンパスの中庭に球体のオブジェが並んでいるというもの）でした。この名物の周囲にある動きが具体的に見えなかった点が、企画として採用されなかったのだなと思いました。企画説明・プレゼンテーションも下手でした》

《自分が出した企画が不採用になった理由が、番組を制作していくなかでわかった。私の企画「発見！

●企画は年々進化した

いまみてきたように、二〇〇三年から二〇〇五年まで、三年にわたって学生たちと番組を制作していくうちに、学生たちの企画に変化が起きてきました。受講する学生は毎年入れ替わっているのですが、企画の内容は明らかに進歩していました。前年行われた授業内容についての情報が先輩から後輩へ引き継がれているようです。

ある事実を相手に取材をし、その事実の全貌ないしは一部を伝えるドキュメンタリーとしての番組制作という姿勢から、その事実から自分たちが感じたおもしろさ、驚きなどを表現しようとする姿勢へと変わっていきました。端的にいえばノンフィクションからフィクションに近づいていったのです。

まず、企画の尺と枠にふさわしい主人公を決めて、その人物の肖像や背景をリサーチし、仮説としてのストーリーを立てる。そのストーリーに合わせて本番撮影を行い、得られた取材結果から編集作業を通して、一本の番組を作り上げる。この方法を私はドキュメンタリー番組制作の定番として学生たちに教えたのですが、このオーソドックスなスタイルになじまない企画は、毎年数本はありました。

一年目の二〇〇三年度では「折田先生像」です。これはキャンパス内にある旧制三高時代の折田校長の胸像をめぐる話です。その像にはいつからかコスチュームプレイのような装飾がほどこされるようになり、京大生の笑いと親しみの対象になっているのですが、それを取材したいという企画です。

この企画には素材自体にコスチュームプレイというパロディが含まれています。そのおもしろさを強調していくという方向か、それともドキュメンタリーの王道どおり、なぜコスチュームプレイなのか、誰がこの像に装飾を始めたのかを追跡していく方向か、担当者は選択をせまられていました。結果として、王道を選びました。

いっぽうで二〇〇四年に登場した「京大の水」という企画では、最初からどう見せるかということが議論になりました。キャンパスの地下深くに大量の地下水があって、大学ではそれを有効利用しているというストーリーです。話はごく普通なのですが、どうやって地下水を表現するかスタッフは悩みました。目に触れない地下にあるからこそ地下水だが、それをどうやって目に見えるように映像化するか。その結果選んだ方法は、リポーターの起用でした。

学生の声　《動きをつけづらそうな「水」というテーマをいかにおもしろく見せるかと考えたとき、頭に浮かんだのがマイケル・ムーアだった。映画「ボウリング・フォー・コロンバイン」のなかで彼が見せる存在感が出せればおもしろいのではないかと考えた》

マイケル・ムーアは監督でありながら同時に画面のなかに登場して、銃社会の矛盾や問題点を観客にむかってガンガン説明報告するというリポーター役もつとめるという手法を採用していました。それと同じ役割をもつリポーターを立てようと「京大の水」グループは考えたのです。

そして三年目の二〇〇五年には、ドキュメンタリーの王道ではない作品が二本出現しました。

そのうちの一本は「百万遍の由来」です。京都市内には「百万遍」という地名が京都大学付近の交差点をはじめとして複数あります。それはなぜかという調査ドキュメンタリーとして、当初企画が立てられました。事前にリサーチしてみると、知恩寺という寺院が関係していることがわかりました。その寺は七〇〇年のあいだにいくたびも火災にあって場所を転々としています。その跡にそれぞれ地名が残っているのです。名前の由来はすぐわかるようなものでした。そうなると、この企画は調査していくほどのものではなく、むしろ同じ地名のせいで場所を勘違いしてしまう滑稽さのほうにおもしろさがあると、メンバーたちは考えます。そこで二人の女性が待ち合わせの場所を勘違いするというセミ・ドラマを軸にして、地名由来をおりこんでいく構成を採用することにしました。登場する二人の女性はリポーターでも関係者でもなく、番組の意図を形にする存在として立ち働きました。演じたのです。

そしてもう一本は「檸檬」という完全なドラマです。これは梶井基次郎の同名の小説を映像化することに主眼がある企画です。実際、番組はメンバーの一人が梶井をモデルにした男にふんして「演ずる」のです。梶井のテキストをいかに映像として見せるかという表現に膨大なエネルギーが注ぎこまれました。表現そのものにこだわるフィクションの作品をめざしたのです。

こういった変化の理由は二つあります。一つは、映像表現のおもしろさです。映像制作の実際を覚えると文字表現とは違う点に心を奪われます。映像独特の表現方法を駆使するためにはノンフィクションからフィクションへ近づきたくなるのです。その気持ちはわかるのですが、いっぽうでは表現される情報の内容がどんどん薄くなっていきます。

もう一つは、制作期間の都合です。純粋なドキュメンタリースタイルでは、動きやシャッターチャンスがかなり重要な要素となり、それを実現するためには、シャッターチャンスを待つといったある程度の時間が必要なのです。いっぽうフィクションは制作者の都合で作りこむことができるため、無駄な時間というのが発生しないのです。

こうして三年間の推移を見ていくと、明らかに企画は進歩しました。最初の年は思いつき程度であったのが、二年目、三年目と年を重ねるにしたがって、企画書を読んだだけでイメージがわいてくるように記述する力がついてきました。

最近の若者は皆同じような発想をするといわれますが、こと企画に関してはそうではなく、実に多種多様なものが提出されました。目のつけどころ、関心の持ちかた、表す方法など、実に変化に富んでいました。ただし、これは学生が優秀ということではありません。枠と尺を設定してしばりをかけると、発想しやすくなるのです。

さらに学生たちの映像に対する好奇心でしょう。以前から関心のあったことを映像で表してみたいという欲求が、多様な企画となって表れたと、私は思います。

しかし、多様性が豊かだとほめてばかりはいられません。企画書に書かれた文章がなっていなかったり、書きかたがバラバラです。

●タイトルは作品の顔

学生たちが提出した企画書には、きちんとした既存の書式にそって記入されたものもあれば、ノートの切れ端に走り書きしたようなものもあります。次に誤字・脱字が多く、汚い字で書いていること、文章を段落分けして整理していない、何が言いたいのか不明な文章、……などなど、提出する文書として基本的なことができていないのです。企画書は単なる覚え書きではありません。プロデューサーやカメラマンら他のスタッフにも読んでもらう文書です。

もっともお粗末なことは、企画にタイトルがついていないということです。数は多くはありませんが、毎年二、三本見受けました。

企画には必ずタイトルをつけておくべきです。テレビ制作の現場では、番組のタイトルは企画の提案書を作成したときに当然つけておくことになっています。でも企画はあくまで予定ですから、実際に取材を始めてみると状況や内容が変わっていることもあります。ですから、仮タイトルとしてつけられることが多いのも事実です。

でもなかには企画時から放送時まで、タイトルが不変のものもあります。それは、番組のコンセプトやねらいが的を射ていることを意味し、優れた作品ができ上がることを予感させられます。いっぽうで、企画時から放送直前までタイトルが定まらず、ずっと仮題で通すことになったときには、スタッフの心中には一抹の不安がよぎります。取材ポイントがはずれているのではなかろうか、登場人物の選択を間違えたのだろうか、番組内容に乱れが生じているのではないかと、作品の成功に疑いをいだき、気をもむこともたびたびあります。

タイトルはきちんとしたものを早めにつけるようにしましょう。タイトルは作品の顔です。作品の内容をしっかり把握するうえでも外部に説明するうえでも、早い段階で確定されたタイトルをつけることが大切です。

出版の世界でも、本のタイトルが重要であることは言うまでもありません。養老孟司の二〇〇三年を代表するベストセラー『バカの壁』、二〇一五年であれば、『下流老人』や『京都ぎらい』などが成功しています。

私自身が制作した番組のなかで気に入っているタイトルをあげると、「もう一度、投げたかった」「響きあう父と子」「尾道さびしんぼう食堂」「素顔のペ・ヨンジュン」などです。失敗したタイトル例は、「西海の夕焼けを見たことがありますか」「コロンブスの時代」「キトラ」などです。字数が多かったり少なすぎてイメージがつかめなかったり、一般には知られていない言葉だったり、独りよがりで自分に酔っていて視聴者にわかってもらえなかったと思います。タイトルはなるべく短めで、音の響きがよく、字姿が美しいというのが望ましいでしょう。

かつてフジテレビの凄腕プロデューサーだった横沢彪は、若いころ、出版界の名編集者といわれた神吉晴夫のもとで働いたことがあります。そのときに得た財産の一つとして、タイトルの重要性を挙げています。だからこそ「THE　MANZAI」「笑っていいとも」という秀逸なタイトルを考えついたのでしょう。こういうことは普段から問題意識をもっていないとできません。テレビを見るときにも、番組のタイトルは内容にふさわしかったか、魅力的だったかを吟味して、日ごろから練習しておきましょう。

●企画の立てかた――〈一ヒト、二ウゴキ、三ジダイ〉

企画を立てるとき私は、〈一ヒト、二ウゴキ、三ジダイ〉という三つの視点からアプローチしていきます。またほかから企画をもちこまれたときも、この三つの視点を使って企画のよしあしを判断します。

最初に、〈ヒト〉。主人公たる人物に魅力があるのかどうか。視聴者が共感したり、あるいは反発したりするにたる人物かどうかということです。加えてその人物が自分自身を語ることができれば申し分ありません。

日本映画を代表する監督であり、日本映画学校の理事長だった今村昌平。彼はカンヌで二度グランプリをとったほどの劇映画の巨匠で、「豚と軍艦」「黒い雨」「カンゾー先生」など力作を続々と世に送り出しています。いっぽう優れたドキュメンタリーも制作していて、映像の理論家としても卓見を述べています。その今村の口癖は「人間に興味をもて」です。人への関心をもたないようであれば、いい映画が作れないと、映画学校の生徒に繰り返し語っています。

私もディレクター、プロデューサーとして、人間を描くヒューマンドキュメンタリーを志向してきました。そこでは人物にひときわ力点を置いています。たとえ事件、事故のルポルタージュや科学ドキュメントであっても、やはり登場する人物の魅力が作品のでき具合を決めるのだと思います。番組は物語であり、物語は人が命である。そう考えて視点の真っ先にヒトをあげたのです。

ちなみに私がいままでに出会った人々——作家・大江健三郎、アーティスト・オノヨーコ、昆虫画家・熊田千加慕、絵本作家・葉祥明、心理学者・河合隼雄、モデル・山口小夜子などの著名人から市井の工場主、陶芸家そして被爆者のみなさんまで。故人であれば、投手・津田恒美、美空ひばり、川谷拓三、向田邦子、富士正晴、どろ亀先生・高橋延清、などなど。どの人も個性豊かで生き方が魅力的な人ばかりでした。

授業で提案された、「人力車のアルバイトをする学生」という企画は、ヒトを主題にしたもので悪くありません。ただ、その人物の一番の魅力は、と私が提案者にたずねると、留年してでも仕事に打ち込んでいるということでした。それをどうやって表現するのかと聞くと、現在の仕事ぶりを撮りたいという返事。それでは単に働く姿しか見えず、彼の情熱というものが描けないでしょう。もう一つのアスペクトが必要になります。

その二つ目の視点は〈ウゴキ〉です。さきの人物を取り巻く状況が動いているかということ。どれほど魅力的な人物であっても、状況が動いていないと魅力は半減しますし、映像的ではありません。事態が動き出せば、やがてさまざまなところへ波及して、関係者が行動を起こすことで、行為（アクション）が生まれるのです。ウゴキとは素材が発展して展開してゆくことです。

さきの人力車のバイトに精を出す青年ならば、進学か留年かと進路を決める学年末が取材の時期ではないでしょうか。この時期なら主人公の生き方があぶり出されてきて、映像として表現できると考えられます。しかし、そういうウゴキがない平時では、撮影しても単に働く日常しか描けず、番組としては成立しにくいと思われます。

もう一つウゴキについての私自身の体験を紹介しましょう。

二〇〇一年の春、ヒューマンドキュメンタリー番組の制作で、津軽三味線を修行する女の子を追いました。華奢な見かけと違ってバチさばきは激しく、弾くたびに指が裂けて血を流しながら練習を繰り返すのです。血染めの三味線です。高校を卒業後、彼女は千葉から弘前へひとりで三味線の修行に来ていました。じゅうぶん魅力的なヒトです。でもこれだけでは企画はOKになりません。そうするうちに、彼女が三年ぶりに故郷の千葉へ帰り、母校の卒業式の謝恩会で演奏するという情報をつかみました。ウゴキが生まれたのです。直ちに企画が通り、取材が始まることになりました。

なお、「できごと」というのは、このヒトとウゴキが合わさったものと考えられます。事態が動くなかで、アクションが起こりドラマが生まれるのです。

三つ目の視点は〈ジダイ〉です。ソニーの元社長・大賀典雄はヒット商品を生み出す秘訣はと聞かれ、いまほしいものではなく、三年先の眼をもって二、三年後の世の中がどうなっているかを見抜いて企画を立てろ、と説いています。商品を開発するのには二、三年かかるのがその大きな理由です。

テレビ番組の企画はその逆です。三年先ではなく、いまが求められます。どれほど感動的な話題であっても、いまと無縁であるならば、企画会議でも賛同を得るのは難しいでしょう。企画会議で、もっともよく飛び交う台詞は「この企画はいまなぜ放送する必要があるのか」「放送する意味はなにか」「それは、現代とどんなかかわりがあるのか」です。テレビ番組では、このジダイをかなり執拗に問題にします。テレビはジャーナリズムです。journalとは元来「日刊新聞、日誌」という意味です。日々、いまというジダイを土俵にするのです。ただし、放送局と違って個人制作の場合はジダイをそれほど重視せず、もっと柔軟に考えてもいいかと私は思います。

ある人は、企画に大切な要素は「サムシングニュー」、なにか新しさがあるかどうかだ、といいます。ある種のスクープ、特ダネが必要だというのでしょう。ただ私は、テレビの特集番組ならいざ知らず、通常の番組であればそこまで必要ではないと思います。

まず、企画を構想するにあたって、一にヒト、二にウゴキを考えてみてください。加えて三のジダイやサムシングニューがあれば申し分ないでしょう。

コラム2　本当に好きなことを企画する

井伏鱒二は小説家として戦前戦後の長きにわたって活躍し、『山椒魚』『黒い雨』など数々の名作を生み出しています。

一九八五年、その井伏の日常を追ったドキュメンタリー「井伏鱒二の世界――荻窪風土記」という番組が生まれました。当時、井伏鱒二はすでに文豪でした。その井伏をつぶさに取材し、ディレクター自身が画面に堂々と登場し、かつナレーションでも自分の意見を述べるという異色の番組でした。これは人物を描くヒューマンドキュメンタリーの傑作といわれています。この番組の企画は、個人的な情熱から生まれたのです。

これを企画したTディレクターはもともと井伏鱒二の作品が好きでした。高校生のころに『夜更けと梅の木』を読んで以来夢中になり、この作家に傾倒していたのです。病膏肓に入って、作家の趣味から酒の好みまで知悉するようになりました。知れば知るほど井伏の人物像は魅力的です。文章のうまさには定評がありましたが、その人柄をしたって井伏を師とあおぐ人たちも文壇には何人もいるのです。あの太宰治も井伏にひかれた一人です。企画の視点一〈ヒト〉にはじゅうぶんすぎるほどの傑物です。

視点二の〈ウゴキ〉は、実はありませんでした。あえていえば、取材の難しいこの文豪が撮影に応じてくれることになったこと自体がウゴキといえばウゴキといえるでしょうか。Tディレクターは長い時間をかけて、彼の担当編集者に紹介してもらったり手紙を書いたりして、熱心に井伏にはたらきかけていました。それが功を奏したのです。

視点三の〈ジダイ〉は、もはや超越していました。昭和の文豪を記録するということ自体がスクープと評価され、企画は承認されたのです。

本当に好きなことはいい企画になるのです。しかも企画だけでなく取材でもそれはおおいに力を発揮し、いい番組を生み出すものです。

たとえば、雨の善福寺池に出かけ、池のほとりで作家が川えびをみつけるシーン。川えびに見いっている井伏の横で、Tディレクターが名作『山椒魚』に登場する川えびに話をむけます。すると井伏は自作のことをぽつりぽつりと話し始めます。寡黙な作家として知られる井伏鱒二。その井伏が控えめながら、みずから、作品誕生の経緯や作品への思いを吐露するのです。語る内容もスクープですが、語る井伏の表情がえもいわれません。ドキュメンタリーとしての価値ある記録です。これはディレクター自身が井伏文学をよく読んでいてその人となりや作品を知っていたからこそできた質問であり場面です。

スクープといえば、井伏の弟子だった太宰治に話がおよんだとき、井伏は「彼は勤勉な秀才でね、いいやつだった……」といって絶句する場面があります。言葉はないのですが、太宰を思って遠くを見つめるようなまなざしの井伏鱒二。濃密な師弟の間柄が一目瞭然のカットです。カメラ前で、素の状態をさらすというのは、よほど〈出演者―取材者〉のあいだに信頼感がないとできるものではありません。Tディレクターは井伏鱒二から深い信頼を受けていたのです。

前節で提示した〈一ヒト、二ウゴキ、三ジダイ〉はあくまで一つの指標です。それにとらわれず、本当に好きなことであれば、その主題を企画として組み立ててみることも大切なことです。

2―5　企画の決定

●企画採択

〈企画〉コースの最終日です。どの企画を採用するかを決定します。前回の検討をへて書き直したり取材し直したりして再提出された二一本の企画書を、私とアシスタントのKさんが仔細に読み込み、そのうえで提案者に問いただしを行います。チェック項目は四つ。

1　書かれた情報は裏づけてあるか――ウラ　企画は、新聞・雑誌にあった一つの記事だけに立脚するのではいけません。現地に行ったり関係者と会ったりして、そこに書かれていることの裏づけをとるのです。情報源は二つ以上押さえましょう。医療ではありませんが、セカンドオピニオンは大切です。

2　物語が作れそうか――ストーリー　番組は、情報の羅列だけではなりたちません。それでは味気なく観客の興趣をそぎます。各情報のあいだに因果関係や対称性などがあって、全体として物語がつながり流れてゆくようになっているか検討しましょう。

3　番組をとおしてなにを言いたいか――メッセージ　制作者は観客になにを伝えたいか、なぜこれを取り上げてどういう結果をねらうのだろうか、伝えたい願いや思いをきちんと持っているだろうか。これらを確認します。

4　提案した人の意欲は――デザイア　是が非でもこの企画をやりたいという意欲がないと、この後の〈取材〉〈編集〉で挫折しやすくなります。こころざしを持続させるための意欲を確かめます。

以上の四点のほかにも、プロデューサーである私は、現実的な条件（経済的、日程的）が整っているかどうかを検討します。

企画が採択されれば、提案者がディレクターとなって、企画が落選したほかの人たちをひきいて自分の作品を作ることができます。落選した人はスタッフとして参加し、ディレクターをアシストすることになります。だれしも自分の作品を作りたいもの、どれが採択されるか全員固唾を呑んで（というのは大袈裟ですが）決定を見まもっていました。

まず二本決まりました。

一本目はＫＫ君の企画。「発見！　京大のお宝――若島教授の図書館探訪」

二本目はＭＫ君の企画。「発見！　京大の誇り――オリンピックオークの下で」

「図書館探訪」は文学部の図書館を名物教授がリポートするという、キャンパス番組としては無難な企画。「オリンピックオーク」は農学部グランドに生い茂る一本のオークの木にまつわるエピソードを追う企画です。歴史ものの匂いがします。「図書館探訪」も「オリンピックオーク」も二本とも手がたい企画です。

最後の一本が難航しました。候補としてＳＹさんの企画「発見！　京大の謎――折田先生七変化」があがったのですが、一抹の不安が残るのです。京大名物の銅像がいつからかコスチュームプレイの対象になったというユニークな話ですが、はたして関係者の取材協力を得られるかどうかがはっきりせず、どうも心もとないのです。

話はおもしろそうなのだが、もくろんでいることを本当に撮影できるのだろうか。でもこれを上回る企画もほかにないので、関係者の意思をＳＹさんが再確認することにして条件つき採択にしました。

受講者二一名が分割されて、第一グループ「オリンピックオーク」、第二グループ「図書館探訪」、第三グループ「折田先生七変化」の三つのグループが結成されました。次は、いよいよ本格的に取材に入っていくことになります。

コラム3 ディレクターが番組を統括する

「メジャーをめざせ」というドキュメンタリー映画があります。ハリウッドに住む監督志望の若者が低予算でインディーズ映画を撮影するという話です。華やかな映画ビジネスの裏側の世界をカメラが見つめる佳作です。

主人公の青年・ロスは、なけなしの貯金と友人の投資をあわせた一五〇〇万円で、九〇分の劇映画を制作しようとしています。カメラマンや照明係、そして俳優たちはすべてノーギャラ。ペンションに泊りこんで自炊しながら一〇日間のロケ撮影を敢行します。人手がないため監督であるロスみずからフィルム運びやコックをつとめます。

悪戦苦闘のなかで、もっとも彼の頭を悩ませたのはスケジュール管理でした。最初はスケジュール管理を専門におこなう助監督がいたのですが、彼は始まって三日目でいなくなり、その後はロスが兼務します。撮影が長びいて徹夜になったり、デイライトで撮影しなければならないシーンにもかかわらず日没になってしまったり、次々にアクシデントが起きてスケジュールに変更をせまります。ロスは必死でスケジュールの調整と管理をおこなうのです。

撮影が遅れて日程がのびるごとに、当然経費がかさみ予算を圧迫します。そればかりかスタッフの拘束も難しくなります。みんな本業を休んできているので、予定がのびると職場に戻らなければならないのです。スケジュール管理は重大です。とにかくスケジュールのぎりぎりまでロスはねばって撮影をおこない、なんとかクランクアップにこぎつけました。

ここで描かれたのは劇映画を撮る苦労でしたが、ドキュメンタリーの場合でも映画であれテレビであれまったく同様の苦労がともないます。取材日程のやりくり、リソースやマンパワーの確保、取材許可の申請など、本番撮影以外にも調整・管理すべきことは多様にあるのです。

このスケジュール管理をおこなうのは、テレビの場合はディレクターの専権事項です。ディレクターが作業全体を見通してスケジュール管理をしてゆくのです。

さらにドキュメンタリー番組の場合は、取材対象者との予定調整つまり「アポ取り」の苦労もあります。アポがうまく取れなければ、予定していた取材も駄目になるのです。いまは携帯電話が発達しているので、ほかの取材をしながら随時出演者に連絡を入れて予定を調整することも可能ですが、十年余前には出演者を自宅まで訪ねていくと留守で落胆する、ということも珍しくありませんでした。

そして、なにより大事なスケジュールは、番組の納期でしょう。企画書にあった完成予定日のことです。いつまでに作り上げるのか、それをきっちり見定めて制作しなければいけません。このように、撮影、編集などの本業とは別に、本業をサポートする仕事はすべてディレクターがうけもちます。映画ほどの大人数の作業であればそれなりの専門職が担当するのですが、テレビの場合はたいていの雑務は現場監督であるディレクターの仕事になるわけです。

●企画者がディレクター

授業でも、他の役はともかくディレクター役だけははやばやと決めました。企画が採用された者がディレクターになります。第一グループKK君、第二グループMK君、第三グループSYさん。番組の企画から仕上げまで一貫して同じ人物がディレクターをずっと担当するのです。それ以外のスタッフは、カメラマンや音声マンを交代につとめてそれぞれの作業を習得することにしました。

授業は、四月の企画作りを終えて、いよいよ五月から実際の撮影が始まります。六月には編集やナレーションを入れて一本の番組にまで作りあげます。そして七月には発表。制作にたっぷり二カ月間もあるようにみえますが、実質は十日間。通常の授業の範囲内で作業がおこなわれることが条件です。きびしいスケジュールが予想されます。

第三章　取材し撮影する（プロダクション）

3―1　取材の前に――機材と準備

五月になりました。

ここからは第二の過程の〈取材（プロダクション）〉に入っていきます。実際にカメラや録音機をもって現場に出て撮影や録音をするのです。三回にわたるその作業をざっと説明します。

まず第四週はリサーチです。カメラやレコーダーをもたずに企画について実務的な調査をします。次に第五週では本番撮影をおこないます。実際に映像を撮ったりインタビューしたりします。そして第六週では本番撮影で撮り残したものをフォローする追加撮影。番組を組み立てるための映像を最大限集めるのです。

●取材道具

取材に入る前に大事な道具をチェックします。

1　デジタルビデオカメラ
2　三脚
3　レフ板
4　スティック型のボイスレコーダー
5　取材ノート

学生たちの大半は、デジタルビデオカメラ、通称デジカメをあつかうのははじめてでした。取扱説明書をみながら操作を覚えることになります。現在のデジカメは小型でも高性能で、プロのカメラに匹敵するほど。しかも操作は簡単です。

三脚とはカメラを固定する台座のことで、折り畳みができます。安定した映像を撮るには欠かせません。素人は三脚をあまり利用しませんが、大事なのです。手持ちのほうが素早く撮影できて作業がはかどると思われそうですが、そうではありません。むしろ画像は、よく準備された手ぶれのないもののほうが価値があるのです。ふらふらして安定しない画像は、編集段階でどうしても排除されます。編集された映像を大きな画面でみれば一目瞭然です。

さらに、ちょっとした工夫ですが、録音機もカメラとは別に用意しておきます。ここではスティック型のボイスレコーダーを使用します。録音は基本的には、カメラが内蔵しているマイクを利用してもいいのですが、音源（たとえば取材される人）とカメラに距離がある場合、音源専用の録音機を別に稼動させたほうが都合のいいことがあります。これは小型で軽いので、取材される人の胸ポケットに放りこんでおいてもらえば、たとえカメラと離れていてもその人が話す言葉はクリアな音で録れます。このことの重要性は、後に仕上げの段階で痛感するはずです。

それ以外に写真機（スチルカメラ）も用意しておくといいでしょう。取材はビデオカメラによる撮影だけとはかぎりません。録音機やスチルカメラなどあらゆる機材を使って現場をとにかく記録さえしておけば、後でなんらかの形で表現できるものです。まずは記録されていなければ話になりません。

学生の声《カメラの操作は思ったより簡単だった。じっさいのカメラワークでは三脚の使用による画像の安定感や、ズームを多用すると人工的に見えることなどに気づかされました》《最初のうちはカメラがブレて良い映像が撮れなかったが、次第にうまくなったと思う。やはり手持ち撮影は難しく、大画面で見るとブレが目立った》

●役割分担

グループのなかで、カメラマン、音声マン、記録係とゆるやかに役割を分担しました。一グループ平均六人のメンバーですから一役一人とは限らず一役二人とか三人とかにして交代でつとめることにしたのです。ただし、ディレクターだけは企画者がなるという条件は守ります。なんといってもディレクターは企画発案者であり、作品をとおしてなにを伝えたいか、メッセージを発しイメージを統合する人なのですから。もし数人でかわるがわるにディレクターをつとめたとすると、メッセージがずれイメージがバラバラになり、番組制作が迷走して当初企画された意図とは違うものになるおそれがあります。だから企画発案者が終始ディレクターをつとめます。

そもそも企画が採択される理由は、内容がおもしろいというだけではないということを前に述べました。その番組を通じてなにをいいたいのかという制作者のメッセージや意図も評価されて、企画がパスしたことを忘れてはいけません。

図 3-1　カメラ、音声など取材の役割分担をする

3―2　リサーチとロケハン

●リサーチ

カメラで撮影するいわゆる本番の前に、やるべきことが二つあります。一つはリサーチ（事前取材）、もう一つはロケハン（撮影下見・調査）です。プロのスタッフワークの場合、この二つは作業として別々におこないます。

まずリサーチ。主人公の人物像、周辺との関係、舞台となる場所や状況、イベントの日程などを調べます。従来は、プロの場合でもこのリサーチに大きなエネルギーを注いでいました。ほとんど本番さながらに詳しく調べあげたものです。そして、その結果を台本の形にまとめていました。ときにはインタビューの質問どころか、答えまで記していたこともあります。いわゆる「予定稿」です。ただ、こうやって撮影したものは、仕上がりもロケ台本そのままで意外性がなく、リアリティが薄いという批判が起こり、近年はやりかたを変えています。

いまのやりかたは、事前取材であるリサーチ段階では、あくまで輪郭をつかむ程度にとどめるのです。中心人物は誰か、関係者はいるのか、どういうイベントがいつおこなわれるのか、などを大づかみにするだけです。それをもちかえって取材構成表にまとめます。その構成表は確定的というより予定的色彩の強いものになるでしょう。実際にロケを始めると状況がまったく異なり、こんなはずじゃなかったのにということも起きるのです。その不確定さ、偶然性が番組にリアリティを与えるというわけです。

いうまでもなく、現場で構成表にない新しい事態が発生したときは、まず発生したその事態を撮っていきます。決して、構成表にのっていない、ストーリーにあわないといって、切り捨ててはいけません。

番組とくにドキュメンタリー番組は生き物です。見通しを立てて取材にのぞんでも、現場でその見通しと適合しない事態はたびたび起こります。そのとき、事態を自分の意図、ねらいに引き込んではいけません。むしろ自分がその新しい事態に入り込み、流れに乗るべきです。

コラム4　番組は生きもの

「朝まで生テレビ」などのディベート番組で勇名をはせた評論家の田原総一朗氏はかつてテレビドキュメンタリーのディレクターでした。その後もワイドショーのコメンテーターやコーナーの司会者を体験するなど根っからのテレビ人です。テレビのことを知悉しています。その田原さんはこんなことを漏らしています。「番組は生きものであり、どんどん変わっていく。如何様にも変わっていく。限りなく柔軟性があり、それをわたしはテレビのいい加減さといっているのだが、そこが面白い。」(『闘うテレビ論』

田原総一朗著　文藝春秋　一九九七年）

私も番組を生きものと考えています。見通しを立てて取材に臨んでも、現場でその見通しが外れたり適合しなかったりすることがよくあります。その際、その現象を自分の意図通りに引き込むことはしません。むしろその現象の流れに乗ります。番組は生きものです。「事実」はいろいろな形をとって姿を現します。自分の意図に現象を合わせようとすると、番組は死んでしまいます。

私が長崎放送局で番組を作っていた頃の話です。

「西海の夕焼けを見たことがありますか」という夕焼けをテーマにしたドキュメンタリーを制作したことがあります。きっかけは、私が長崎へはじめて赴任した日に見た大夕焼けの荘厳な美しさでした。だが夕焼けを主人公にするわけもいかず、番組に旅人を登場させようと考えて、詩人の吉野弘さんにお願いしたのです。吉野さんの作品に「夕焼け」という詩があって、心に残っていました。

〈やさしい心の持主は／いつでもどこでも／われにもあらず受難者となる。何故って／やさしい心の持主は／他人のつらさを自分のつらさのように／感じるから。〉「夕焼け」吉野弘

埼玉に住む吉野さんに遠く長崎まで足を運んでいただき、ロケは始まりました。

旅の二日目は八月九日。ちょうど長崎原爆の日で、長崎の町は朝から粛としています。浦上にあるキリシタン墓地に吉野さんを案内しました。林立する十字架の墓。その一つの裏に回って吉野さんは墓誌に目を遣ります。「全員が、八月九日死亡…」と吉野さんは言葉が詰まりました。墓には八歳から七〇歳までの六人の名前があり、命日が全員同じだったのです。

西海の夕焼けの美しさはこの町の大きな悲しみと無縁でないと感じていた私は、吉野さんを通してそのことを表すことができないだろうかいくつも演出プランを立てていました（まさに、制作者の〝意図〟です）。

平和祈念式典が行われている平和公園の会場に向かいました。原爆死没者の遺族や多数の市民が集まっていました。ところが吉野さんは花輪が並ぶ祭壇に一礼し暫し立ち止まっていましたが、やがてそそくさと会場から離れていきます。慰霊のモニュメントや原爆遺構にも立ち止まることがありません。このままでは映像は「原爆の日のリポート」という記録で終わってしまいます。

突然、吉野さんは公園の一隅にある石碑の前で歩を止めます。原爆句碑です。吉野さんはひとつの句に目を奪われていました。

凍焦土《いてしょうど》種火のごとく家灯る　下村ひろし

熱いはずである焦土、それが凍えるほど寒いと感じられた爆心地。すべて破壊しつくされた原子野。そこにバラックがあって、ぽつんと灯がともっている――。インタビューで吉野さんは熱く答えてくれました。

凍焦土。詩人の感受性そのものではありませんか。私の凡庸な演出プランをはるかに超えていました。

●ロケハン

次にロケハン。ロケーションハンティングの略で、技術的な角度からあらかじめ現地の下見をし、カメラやマイクを使用するにあたって必要になる地理の確認、足場の位置、ノイズの状態、照明の必要の有無などを前もって把握しておきます。ぶっつけ本番で撮影すると、安定した画や音を収録するのがきわめて難しいものです。ロケハンとは技術的予備調査といえるでしょう。

それと忘れがちですが、太陽の位置も調べておきましょう。現場のどの方向から光はくるのか、影の具合は、日没時間は……。これらのことは取材ノートにしっかり書き込んでおいて、本番撮影のときに役立てるのです。

軽視されがちですが、ロケハンは必ずやりましょう。限られた日数と費用でやるわけですから、効率的にロケするためにもロケハンは必要なのです。これを省くとかえって時間やお金がかかったり、ときには事故を起こしかねないのです。

さて、プロはこのリサーチとロケハンを別々にやるものですが、個人の制作であればそこまで厳密にわけなくてもいいでしょう。この授業では兼ねてやりました。

コラム5 ドキュメンタリーはアクシデントではない

日本のテレビの歴史に大きな影響を与え、いまや神話化された映像があります。一九六〇年一〇月一二日、社会党の浅沼稲次郎委員長を右翼の少年が刺殺した場面をとらえた映像です。選挙の立会演説会で浅沼が演説している最中、壇上に上がった少年が凶行におよんだのです。その様子がテレビ中継され大きな反響を呼びました。当時まだVTRが発達しておらず、キネコ（ビデオテープがなかった時代に、テレビカメラで撮った映像を直接フィルムに収録した方法）で収録されていたため、その後も繰り返し放送されることになったのです。

非常にショッキングな事実の映像ですが、これはドキュメンタリーとはいいません。

最近の例でいえば、二〇〇一年九月一一日に起きたニューヨーク同時多発テロの映像があります。テロの道具と化した旅客機が貿易センタービルに突入する映像は、事件発生後、何度も繰り返し放送されました。あまりの残酷さに、その後使用が規制されることになったほどです。それほどの衝撃を世の中に与えた映像でしたが、これもドキュメンタリーのカテゴリーには属さないのです。

実際に起きた事件を映像でとらえればドキュメンタリーになるとよく誤解されるのですが、そうではないのです。このあたりがなかなか理解されないようです。これらの映像はドキュメンタリーというより、事件発生を偶然にカメラが撮影した「アクシデント映像」とでも呼ぶのがふさわしいのではないでしょうか。

ドキュメンタリーとは、事件がなぜ起きたかという背景を検証し、事件の波紋はどう広がるのかという影響を浮き彫りにしていく事後的な表現が中心のジャンルです。事後的といってもむろん一定の条件つきです。近年いたるところにカメラがあり、携帯カメラや防犯カメラなどによるおびただしい量のアクシデント映像が蓄積されているのも事実です。ドキュメンタリーはこの趨勢を無視することはできません。むしろ、これらの映像情報を取り込みながら表現していくことが、新しいドキュメンタリーに求められてもいるでしょう。

でも、一般的にドキュメンタリー番組というのは偶然的な突発事をとらえるのではなく、すでに起きたことと、そこから派生してゆくできごとを予測しながら、あるいは仮説をたてながら、浮き彫りにしてゆく番組だというふうに考えてください。

本書では、アクシデント的なものはドキュメンタリー番組からはずしておきます。

●取材ノートを作ろう

取材用にB４サイズの大型ノートをもって歩くようにしましょう。表紙には「取材ノート１」と大書しておきます。リサーチしたことを記し、取材した内容や現場の情報をメモするノートです。ノートが増えれば２、３、４と追番をつけます。忘れてはならないのが自分の氏名と電話番号などの連絡先です。ノートを紛失したときでも困らないよう、表紙にしっかり記入します。

取材ノートの価値はなくしたとき初めてわかります。「ああ、これでは番組が作れない」と嘆きうろたえることは、私自身しばしばありました。ノートには関係者の連絡先から内容に関するアイディアまで、番組にとっての重要な情報がすべて書きこまれているのですから。

そんな窮地におちいらないためにも、ノートの表紙には名前と電話番号をしっかり書き、さらにその下に次のようなことを書きそえました。「これは「取材ノート」です。小生にとって宝です。お気づきの方はご一報ください」。

さて取材ノートの表紙を開いて一ページ目からなにを書きこみ、貼りつけるか、以下順を追って説明します。

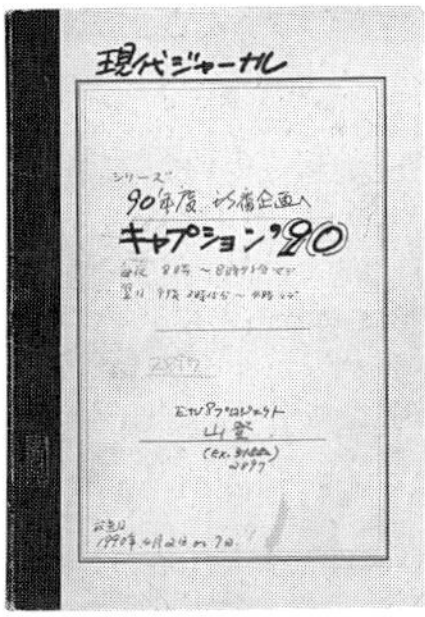

図 3-2　情報がつまった取材ノート

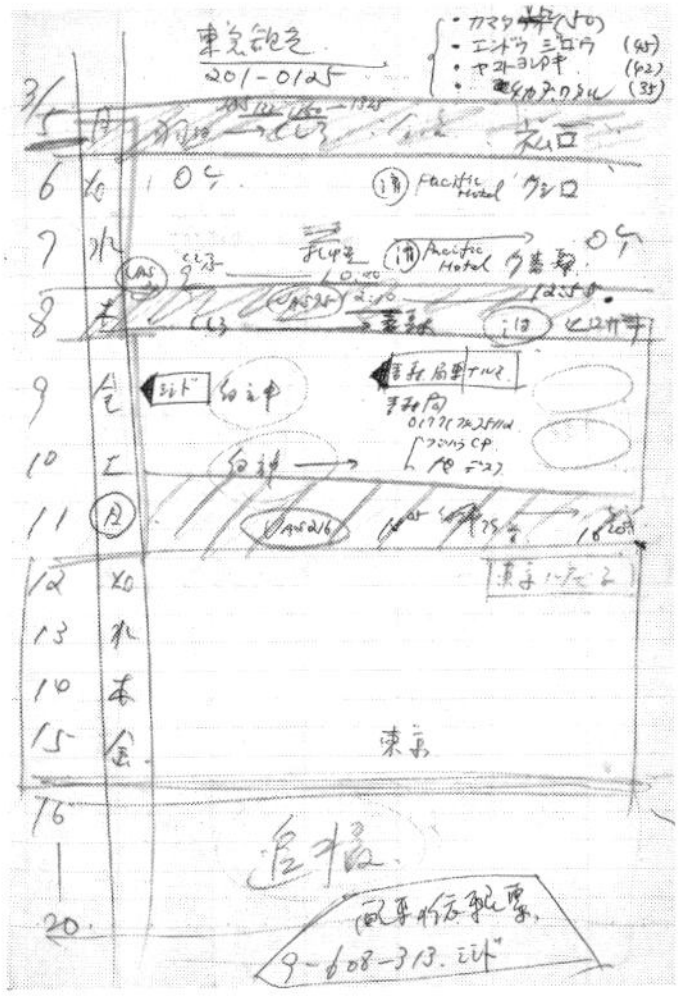

図 3-3　取材ノートにスケジュールを書き込む

1　**最初のページ**――企画書を貼りつけます。取材中にギブアップしそうになったとき、ここに戻って読み直します。「初心忘れるべからず」です。

2　**次のページ**――出演者、関係者の連絡先を記入します。もらった名刺を貼りつけてもいいでしょう。

3　**三ページ目**――スケジュール表です。リサーチ、取材、編集、仕上げなどの予定全体が一目でわかるように作成します。

4　**四ページ目**――後述する取材構成表を貼ります。

5　以下、取材日程にあわせて情報や資料データを記入したり貼ったりします。ロケに出たときには必ずその場所を説明する地図やパンフレットを入手して、ノートに貼るのです。後にナレーションのコメントを作るとき役立ちます。パンフレットのサイズは大小さまざまです。そこでなんでも貼れる大型ノートを用いるのです。

オン・カメラつまりカメラ撮影して得た事実以外にも、入手した情報はすべて記録します。カメラが回っていないときに、大切な情報を関係者からもたらされることがよくあります。その場ですぐノートをとってもいいですし、ときには聞いて覚えておいて後刻書き起こすという方法もあります。というのは、ノートをとると、話すことをやめてしまう人もいるからです。インタビューするときもこのノートを活用します。あらかじめインタビューする項目を箇条書きにしておくのです。

これ以外に、取材日記をつけておくといいでしょう。ロケをしながらノートをとるのは大変です。ロケから戻っても、ラッシュ試写、機材準備とあわただしく、しておかなければならないことがけっこう多くあります。

私の場合、早朝床の中で前日あったことを時間を追って書き出すことにしています。取材を続けながら感じたこと、疑問をもったことなども織り交ぜておきます。場所移動で時間ができたとき、車中でペンを走らせることもしばしばありました。この取材日記は、後に編集段階で大きな力になってくれます。

●リサーチの結果を構成する

企画段階では、複数の素材があるということがわかっているだけで、どんな物語になるかはまだ見当もつかない状態でした。次に、リサーチをすれば、テーマにふさわしいヒトを具体的に特定したり、ウゴキをもたらすイベントなどを発見したりして、物語の概要も少しずつ見えてきます。

リサーチをして素材が集まるにつれ、素材と素材のあいだに流れができることに気づくでしょう。仮に素材Aと素材Bがあったとして、Aの現象が発生してから続いてBの現象が発生するという時間的な継起関係や、Aの現象によってBの現象が発生するという因果関係などが見えてくるはずです。

そこで、すべての素材の関係を一つの流れにそわせて並べた表を作成します。つまり、構成をして物語を作り上げるのです。

物語の意味を最初に説いたといわれるアリストテレスは、「物語とはオープニングとエンディングをそなえ、行為を一つの全体としてまとめあげるものだ」と言っています。行き当たりばったりで始まったり終わったりするのではなく、きちんとしたオープニングとエンディングがあること、素材をまとめあげて一つの統一体にすること、これが物語の条件だというのです。

そこでリサーチの結果を、取材構成表に作り上げます。手元に集められた素材をある論理——たとえば、時間軸や人間関係の軸、起承転結といった形式など——にのせて展開させ、一つのまとまりを作ります。これが取材構成です。これを表にしたものが取材構成表です。後に出てくる編集構成表とは区別しておきます。

取材構成表は撮影本番（ロケ）において大きな役割をにないます。ロケを航海にたとえれば、取材構成表は海図にあたります。どういう素材を使ってなにを表現するのか、なにをいいたいのかを、表のかたちで具体的にあらわしたものが取材構成表なのです。

しかし、素材の一つ一つについては説明できても、素材と素材の間に流れをつけていくのは慣れていないと簡単にはできないものです。初心者にとってはここが一つの難所でしょう。授業では、ここで大きな壁にぶつかりました。三つのグループともこの過程で足踏みしてしまいます。企画を提案した人がディレクターとなり、その人を中心にして構成を作り上げるのですが、構成が立たず構成表が書けないのです。素材が単に並んでいるだけの状態であって、話の筋としてまとめあげられないのです。

そこで、私は秘密兵器をすすめました。「ペタペタ」とよばれるポストイットの活用です。素材をポストイット一枚に一つずつ書き出して、いろいろ並べ替えをやってみて、それにあわせて話の筋を強引に作ってみるのです。

たとえば、二〇〇三年度の第一グループとして採択された「オリンピックオーク」の話を例にとって考えてみることにしましょう。もともとこんな話でした。京都大学農学部グラウンドの隅にオリンピックオークと名づけられた一本のドイツ樫の木があります。ほとんどの学生はその存在も由来も知りません。ですが、実はこのオークは日本人にとって忘れがたいエピソードを秘めていたのです。

一九三六年のベルリンオリンピックで、京都大学ＯＢの田島直人選手が三段跳びで優勝し金メダルを獲得しました。この栄誉を記念してドイツから田島選手に送られたのがこのオークの苗で、母校のグラウンドに植樹されたのです。以来六〇年余、苗は見あげるばかりの木に育ちました。でも、いつからか忘れ去られてしまい、今ではほとんどの学生はその由来を知らなくなりました。

この話をリサーチした結果を「ペタペタ」に表してみます。見出し部分が、「ペタペタ」に書かれたキーワードです。それ以外は書かれているのではなく、担当者の頭のなかにあるリサーチで得た情報です。

1　オリンピックオーク──（農学部グラウンドの隅に高さ一二メートルのオリンピックオークといわれる大きな木がある。根元には顕彰碑が設置されている）

2　木の説明と由来──（オリンピックオークとはドイツ樫の木。田島直人選手の偉業をたたえてドイツから贈られた）

3　ベルリンオリンピック──（一九三六年、ベルリンでオリンピックが開かれた。三段跳びで金メダルを獲得した田島直人選手。彼は京都大学のOBだった）

4　現役の陸上部部員・W君──（京都大学陸上部員で四回生のW君。三段跳びの選手で、府大会で優勝したこともある。けがのため今シーズンで引退した）

5　陸上部のOB・Kさん──（OBのKさん（六五歳）。同窓会の世話役。オリンピックオークの顕彰事業に協力した）

6　W君の現在──（引退したW君は、現在就職活動で奮闘中）

こうして1から6までの六枚の「ペタペタ」カードを作成します。次に、それらをいろいろ並べ替えるのです。

たとえば、〈1　オリンピックオーク〉〈2　木の説明と由来〉〈3　ベルリンオリンピック〉〈5　陸上部のOB・Kさん〉〈4　現役の陸上部部員・W君〉〈6　W君の現在〉という組み合わせであれば、どんな物語ができるでしょうか。

ガラッと変えて3から始めてもいいかもしれません。

〈3　ベルリンオリンピック〉〈1　オリンピックオーク〉〈2　木の説明と由来〉そして、〈4　現役の陸上部部員・W君〉〈6　W君の現在〉とつないで、〈5　陸上部のOB・Kさん〉で終わるという流れだって物語が生まれるはずです。

物語を作り上げるコツは最初と最後、なにで始まってなにで終わるかをいち早く決定することです。それからクライマックスをどこに配置するかを考えるとで物語のかたちがみえてくるはずです。このようにいくとおりかの組み合わせを考え、そのなかで話が無理なく流れているものを構成として採用するのです。

●取材構成表の書きかた

ロケに入る前にリサーチすれば、テーマにふさわしい素材や人物を発見し、取材できそうなイベントなどの内容も把握できるようになります。ただこの段階ではまだ、複数の素材がどんなふうにつながるのか、見当もつきません。

だがリサーチがある段階まで進み、素材が集まるにつれ、素材間に流れ（因果・切断・対比など）が起こります。これらをオープニングからエンディングまで、素材がある流れで展開するように配置するのです。これ

表 3-1 「オリンピックオーク」の構成表

	項目	映像	内容・音声
1	オリンピックオーク	・大文字山 ↓ グラウンド ・練習する学生	農学部グラウンドの隅に一本の樫の木がある
2	木の説明と由来	・樫の木	・オリンピックオークと呼ばれている ・ドイツ樫、高さ 12 メートル ・根元に顕彰碑がある
3	W君登場	・木のところにやってくるW君 ・W君インタビュー	・「このあいだまで陸上部にいた」「この木があることは知っていたが、詳しいことは知らない」

が取材構成表です。後に出てくる編集構成表と区別します。

表3—1を参照してください。プロが使う構成表のもっともシンプルな例です。私自身、この形の構成表を使っています。

記入する欄は四つあります。

1 **シーンナンバー**——取材するシーンごとに、要素を囲い込んでそれぞれに通し番号をふる。

2 **項目**——そのシーンにタイトルをつける。どういうシーンか一言で表す。「ペタペタ」カードに書きこんだ言葉。

3 **映像**——映像の内容。まず場所をしるす。次にカメラがねらう対象とその動きを書き込む。

4 **内容**——3の映像につく音の様子。談話、ノイズ、音楽、コメント（予定稿）など。

たとえば現役の陸上部員・W君にインタビューするという場合、映像欄には「W君インタビュー」としるし、内容欄にはその予想される内容をあらかじめ書いておきます。ただし、これはあくまで予定ですから、実際にW君に取材した時点で内容が変わることもあるわけです。そのときは修正を加え、実際の内容へと変えていくのです。そこをいじると前後の流れが止まってしまうこともあります。そういうときは、流れがよくなるように他の要素もどんどん変えるのです。構成表は生き物です。固定させてはいけません。

コラム6　仮説の検証

テレビドキュメンタリーは映画ドキュメンタリーを手本にしたものではありません。テレビニュースの延長上に成立したものでもありません。桜井均は、テレビドキュメンタリーの淵源はラジオの録音構成にあると指摘しています。《「記録」し「再構成」するという手法は、ラジオの録音構成が母体であった。ラジオの録音構成は、現実音とそれを説明するナレーションを組み合わせることで、つまり「音声」だけで、ある出来事を目にうかぶように造形し、ことがらの本質を解き明かす放送手法……（以下略）》（『テレビは戦争をどう描いてきたか』（桜井均　岩波書店　二〇〇五年）。

録音構成の技法の実際は次のようなものです。まず取材段階で関係者の証言（インタビュー）や現実の実音（ノイズ）など番組の構成要素をすべて録音しておきます。次に編集段階で、集められたその構成要素の中から使用したい部分を取り出して、作り手の考え（意図）やメッセージにもとづいて繋いでいきます。その繋ぎ目に繋ぐ理由や因果関係をナレーションで説明します。このやり方をとれば、あらゆる事柄が作り手の意図どおり繋がり、作品が構成されるわけです。これが録音構成。この録音構成の音声だけの構成要素から映像（音声＋画像）の構成要素に進化させたものがテレビドキュメンタリーにあたるというわけです。

ただし、このシステムには「作り手の恣意」という危険性があります。これを回避し、リアルを担保する技法が「仮説の検証」で、日本のテレビ放送黎明期の代表的ドキュメンタリー番組だった『日本の素顔』（ＮＨＫ　一九五七〜一九六四年）の中心制作メンバーだった吉田直哉によって提唱されました。《ある仮説をたて、それが現実のなかで検証されていく過程を描きながら、率直に制作者の思考能力を問う、と言うような作り方をすれば、あらかじめ出来ている結論を主張したりせずにすむ》

番組を作る前に、あらかじめリサーチ（予備取材）をして、ある一定のストーリー（筋つまり意図）やメッセージ（主張）を立てておく。これが仮説です。次にカメラ、録音機を携えて本番撮影を遂行していくとき、先に立てた「仮説」が本当に正しいか有効であるか、を検証していきます。その検証の過程を一部始終撮影して作品に仕上げていくのです。これが「仮説の検証」。

サイエンス番組の名手であった小出五郎は「仮説の検証」のダイナミックな運動性を高く評価しています。《テレビのドキュメンタリーでは、仮説の検証を進めるにつれて内容が変化する。それがむしろ当たり前である。もちろんシナリオを作って取材を開始するのだが、時間の流れとともにニュアンスや重点が変わってくる。取材する側も変わるし、取材される側も変わる。（略）「検証」とは、時間とともに変化する「いま」を取材することである。》（『仮説の検証』小出五郎　講談社　二〇〇七年）。

映画ドキュメンタリーでは、現場に入って取材対象の事態が動くのをじっと待機して撮影するか、もしくは作り手がその情況にはたらきかけて事態を動かして撮影していくか、いずれにしても撮影するのに手間と時間がかかるシステムとしてドキュメンタリーは考えられていました。

ところが、録音構成を手本とするテレビドキュメンタリーであれば取材期間も短く量産化も難しくありません。ある意味で効率のいい映像作品作りでもある。豊かになって社会意識に目覚めた大衆の多彩な欲望に応えようとするテレビにとって格好の技法となっていくのです。

3—3　取材と撮影

●取材・撮影の実践1　初めての現場

五月第二週は、〈取材〉過程の二日目、いよいよ本番です。昼すぎに作業室に集まった各グループは、カメラや機材をチェックした後、それぞれの取材現場に散っていきます。私は第一グループ「オリンピックオーク」に同行して様子をみることにしました。ここは男子二名女子四名のグループです。

ディレクターのＭＫ君は前もってオリンピックオークについていリサーチしているので土地カンがあります。ほかのメンバーを現場である京都大学農学部グランドに引っ張っていきます。カメラ担当は中国からの留学生のＹさんです。好奇心旺盛なＹさんは率先して名乗りをあげました。といってもデジカメに触るのは初めてで、現場へ移動する途中も熱心にボタンを押す操作の練習をしています。現場に近づいたところで、ＭＫ君は取材構成表を取り出して撮影の段取りを説明しました。

まず最初にオークの木そのものを撮影（シュート）してくれ、とＭＫ君がカメラマンのＹさんに指示を出します。といっても高さ一二メートルはある大きな木。ただ木を撮れといわれてもＹさんは困惑するばかりです。とりあえず木全体を撮ったり幹や枝や葉を撮ったり、Ｙさん自身の思いつくままにカメラを振ります。Ｙさんの手元を見ているとせわしなくカメラを操作しています。というより、カメラのスイッチのボタンを入れたり切ったりガチャガチャと動かしすぎです。ズームが珍しいのか、アップになったりロングになったりやたらに画のサイズが変わっています。

他のメンバーは何をしているかというと、突っ立っているか所在なげにうろうろしているだけです。ディレクター自身も次のインタビューの段取りに気を取られていて、置かれた状況がみえていません。グループはバラバラです。

学生の声 《なにをどう撮っていいのかわからずとまどった。「だいたいこんな感じの画がほしい」とはわかっていても、いざ木の前に立ってみると、呆然としてしまった。「映像は視覚に訴えるものなのだから、自分の目に見えるものをそのままカメラにおさめたらいいだろう」と思っていたが、カメラにおさまる範囲というのは思いのほか狭く、その狭い範囲のなかで伝えたいものを撮るということが意外に難しいということを痛感した》

取材において、カメラマンが対象をとらえ、音声係がマイクを差し出し、照明係がライトをあてているまさにそのとき、ディレクターはどこに立ってなにをするべきでしょうか。

カメラマンの横に立ってどういう画をとりたいかを具体的に指示することです。それを実現するようにほかのスタッフにも協力を要請します。番組全体のイメージはディレクターの頭のなかにあるので、それを言葉でスタッフに伝える必要があるのです。

まず、カメラマンとの関わり。撮影しようとする画はどういうことを表現したいと考えているか、ディレクターは構成表を手にしてカメラマンにまずしっかり指示を与えます。とりあえず撮っておこうというい加減な心構えでは、後で編集のときに苦労するだけです。

木を単なる風景として撮るのではなく、話の中心として撮るのなら、きちんと三脚を立てカメラを固定し、画のサイズを決めて撮るべきです。映像を通してなにかをいいたい、意味をもたせたいときには、手持ちカメラは不向きです。画は安定せず、観客にとっては正確に映像の意味が理解できません。おまけにショットが二秒三秒程度と短いと、理解はさらに浅くなります。一ショットの長さはせめて七秒以上、少し長めに撮ることがコツです。

映画の撮影では、本番撮影の前に監督がみずからファインダーをのぞいて画姿を確認することがありますが、テレビドキュメンタリー制作の現場では、ディレクターはそういうことをほとんどせず、カメラマンに一任します。だから、ディレクターとカメラマンはよくコミニュケーションをとっておく必要があるのです。

次に、音声係や照明係らほかのスタッフには、カメラマンの予想される動きを説明し、それにあわせてそれぞれの業務を指示します。

さらにディレクターにはもう一つ大事な仕事があります。グループのセンサーとしての役目です。ディレクターは人物やできごとの動きを見まもり、異変が生じたり流動化したりしたとき、すばやくスタッフに情報を流すのです。

ディレクターにとってもっとも大切なことは、よく観察し、よく取材し、よく指示することです。カメラやマイクで取材するのではなく、自らの五感を研ぎ澄ませて現場の匂いをかぎノイズを聞きわけ、現場の意味をさらに深く問い続けるのです。

ディレクターには、取材構成表というかたちであらかじめ考えてきた計画があります。だが、実際の現場に来て取材を始めると、計画の意味が正しかったか間違っていたかが明らかになります。その意味を何度も問い直し、計画を鍛え直す必要があります。

さて、第一グループはまだ迷走を続けています。迷ったりわからなくなったりしたらスタッフ全員でミーティ

図 3-4　ディレクターはカメラのかたわらで指示を出す

ングをもつべきです。番組はグループ全体で制作するのだから、メンバーの結束は重要で、そのためには取材構成表をめぐって皆で相談すべきではないかと私はメンバー全員に呼びかけました。彼らはなるほどといった顔になり、少し落ち着きました。これ以降メンバーは構成表を中心にしてたがいに相談することが多くなり、ディレクターは大きな声を出してカメラに指示するようになりました。六人のメンバーはかわるがわるデジカメを操作することにしました。

学生の声《一〇分の番組を作るにも大変な労力がいるということを痛感しました。私はディレクターというリーダーの立場を与えてもらったために、番組制作を全体的な流れでみることができました》

●撮影本番の流れ

実際の授業では、初めての現場にとまどいあわてたために、闇雲にカメラを振り回すという事態におちいりました。こういった混乱を避けてスムーズに取材をするにはどうしたらよかったのか、出発から撤収までの取材の流れにそって具体的に語っていきます。

1　出発準備——機材の点検

カメラをチェックしてください。バッテリーは充電してあるか、予備バッテリーは準備したか、記録メディアは何本用意したか、マイクは、照明機材は……と、構成表をにらんで一つ一つ点検します。さて一言おことわり。現在、記録メディアはビデオテープ、メモリーカード、メモリースティックなどいろいろありますが、この第一部ではビデオテープ活用の例で考えていくことをご承知おきください。

2　現場到着——まず流れを考える

現場に入ってすぐカメラを回すのは禁物です。まず状況を見さだめるのです。どこで、だれが、なにを、起こしているのかをよく確かめることから始めましょう。まず取材構成表を取り出し、これから撮影するこの場面でどういうことを表すのかを確かめ、前後のシーンとのつながりを考えてみることです。作品全体が流れていくように撮影する、そのことを念頭においてください。

3　初期撮影——最初はロングで

撮影の冒頭はロングショットで始まります。できごとがどこで起きているかを示す、全体把握ショットといえるでしょう。その場をルーズな広く大きめのサイズの画面で切り取ります。この場合、必ず三脚を立てて撮りましょう。シーン作りの基盤となる画ですから、しっかりした映像に仕上げるのです。

4　本撮影（1）——行為は一通り撮れ

次に対象にもっと近づきます。カメラは手持ちにして自由に動ける体勢にします。

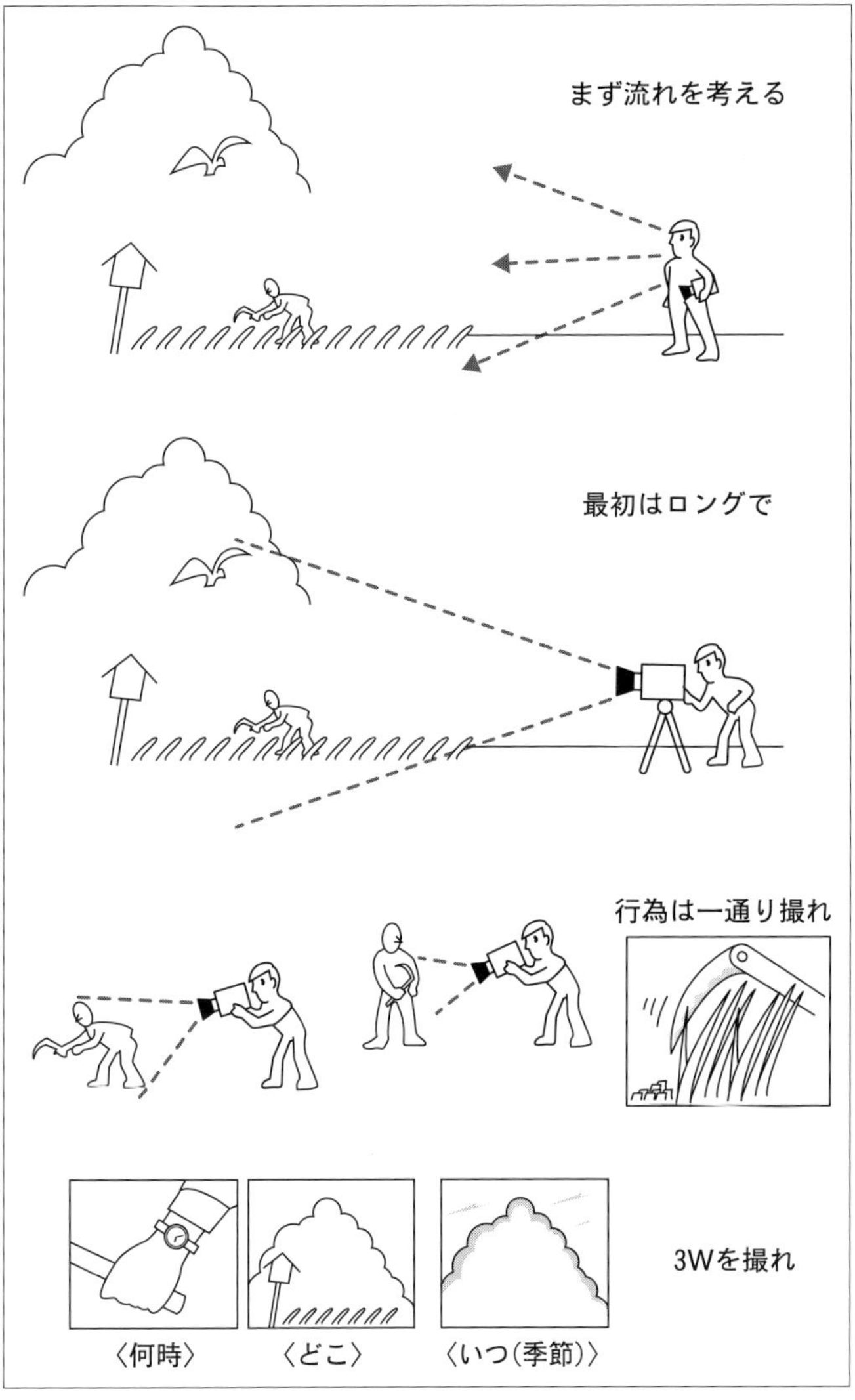

図 3-5　撮影本番の流れ

画のサイズはアクションがつかめる程度のフル・フィギュア（頭から足まで入るサイズ。図3―7（八七頁）のＦＦにあたる）になるよう心がけましょう。

ひととおり行為が終わるまでスイッチを切らずに回します。そのあいだ、画のサイズは変えないほうがよいでしょう。寄ったり引いたりせず、行為が終わるまで同じサイズのままで撮ってみます。

5　**本撮影**（2）――音源を撮れ

話をしている人物（声を出している人）を撮影しておくことが大切です。聞く人の側を撮ってリアクションを表現しようとねらうテクニックがありますが、初心者は避けるべきです。音源である発言者をしっかり撮影して、ある一定時間の長さで映像をキープしてください。この長さは大事なことです。アクションが終わったからスイッチを切る、始まったから入れる、といったチョコマカ撮りはご法度。そういうものは、編集時まったく使い物にならないのです。

6　**補完撮影**（1）――押さえ

行為のおおよその流れを撮ったら、次に演出的味つけとしてのショットに挑戦してみます。アップの活用です。行為のなかの象徴的なもの、しぐさといった、その状況を形作る周辺の事物です。対話の場合であれば、発言者ではなく聞いている人物のリアクションを押さえ（撮影し）ます。

7　**補完撮影**（2）――ホケン（保険）をかける

さらに編集時のことを意識して、別の映像を確保しておくことも重要です。撮影時に意図していた文脈が編集時には変わるというのはよくあることです。シーンを一つの文脈においてのみ考えるのではなく、別の文脈を探し出し、その場合なにが必要かをチェックして、第二の文脈において必要な映像を確保します。〈ホケンをかける〉とも言います。

学生の声　《撮影は十二分に余裕をもたせておこなう必要があると思いました。「こんな画が必要かな?」と少しでも思ったらそのときに撮っておく必要があります。そして、スタッフ全員が、編集時のことを考えて、撮影現場にあるものの中から使えそうなものを目を光らせて探し出しておく必要もあります。初期の段階では僕たちはその意識が不十分でした。そのため、後々になってあわてて追加撮影しなければならなくなりました》

8　後期撮影（1）——拾い

現場の情報はできるかぎり網羅します。地名の看板、表札、登場人物にかかわる〈ブツ（物）〉や情報などを撮影します。これらの小道具は現場の匂いを表すのに欠かせないばかりか、ナレーションのコメントを作成する場合にも便利なのです。パンフレットや書物のたぐいは、その場で撮影する時間がなければ貸してもらいましょう。後刻、スタジオできちんと接写すればよいのです。

9　後期撮影（2）——3W

「拾い」の延長であり、状況を説明するのに欠かせない〈押さえ〉ともなる撮影です。3Wとは、〈いつ〉〈どこ〉〈何時〉のショットを指します。

まず、〈いつ〉。取材しているできごとは、いつごろ起きたか、どの季節か、どの時期かをはっきりさせる撮影です。季節が夏なら、入道雲、蝉の声、ギラギラとした日差し。秋なら、ススキ、虫の声、長袖シャツ、落ち葉。決まりきったイメージを現場で探し撮影しておくのです。

次に〈どこ〉。3で記したロングショットと重なりますが、あえてこちらでも触れておきます。これは、できごとの舞台、場所、背景を表します。その表現はいくつもショットを重ねるのでなく、なるべく一つのショットで表すように。たとえば港なら、港の全景のみ。波、カモメ、停泊する船と小刻みに連ねて港を表すという方法はとりません。

三番目は〈何時〉。最初に説明した〈いつ〉より、もっと具体的な時刻を表すものです。できごとの発生した時刻を記録します。現場に時計がかかっていれば、あからさまにそれを写しましょう（図3―6）。あまりに芸がないと思われるかもしれませんが、あいまいでないことが記録性という観点からなによりも大切です。

10　**撤収**――後始末

撮影が終われば、機材をばらして撤収です。その前に、現場を撮影のために変更した部分があれば、必ずもとのように戻しておくこと。屋内の撮影では、カメラを設置するためテーブル、イス、コタツなど家具を動かすことがあります。戸外では、雑音を排除するために車のエンジンを切ってもらったりモーターを止めてもらうことがあります。

撮影が完了したらただちに、動かしたものは元の位置へもどし、ひかえてもらった作業等は再開していただくよう、知らせなくてはなりません。やりっぱなしお願いしっぱなしで現場離脱することはぜったいに禁物です。

後始末がすべて終わったら、取材に協力してくれた人たちに礼をのべて現場を離れます。

●取材・撮影の実践2　コトを撮る難しさ

第二グループ「発見！　京大の宝――若島教授の図書館探訪」は、若島教授という関係者を番組の軸に立て

図 3-6 〈何時〉をはっきり表現する方法

るスタイルを採用しました。この方法はできごとをストレートに表現するのではなく関係者が介在するため、観客に直接の感動を与えにくい欠点があるものの、作品の方向づけをその人物の発言をとおして説明できるので話がとり散らからず、メッセージや意味を伝えやすいという利点をもっています。

京都大学文学部の地下にある図書館は、膨大な蔵書の量を誇り、稀覯書や珍本を数多く所蔵しています。ここを若島正という愛書家として知られる有名教授に案内してもらうという仕掛けです。このアイディアが評価され、企画者であるＫＫ君がディレクターとして指揮をとることになりました。彼はそれまでにも少し映像製作を経験したことがあります。男子五名女子一名の第二グループは、ほかにも経験者がいて少し期待がもてそうです。

みずから「乱視読者」と名乗ったシリーズの著書をもつ若島教授は、自他ともに認めるビブリオマニア。理系出身で途中から文学の道に転進したという異色の経歴をもっています。しかも詰め将棋・詰めチェスの作者として日本有数という呼び声もあります。まさに企画の視点〈ヒト〉にふさわしい魅力的な人物です。

さて、ロケですが、図書館の内部や貴重な書物が並んでいる光景は苦もなく撮影できました。しかし若島教授の登場する場面はうまくいきません。教授が書庫を歩いて本を手に取り、読む。ただそれだけのアクションしか撮れないのです。ふくらみがないというか、無味乾燥な画像です。教授の一風変わった人物像、豊かな個性が浮き出てきません。

メンバーは額を寄せて相談しました。そして「詰めチェスを解く若島教授」という画を撮るという案が生まれました。書庫内にある英字新聞には古いチェスの記事が掲載されています。教授はひまになると書庫に潜り込んでは、詰めチェスを解いているという話を、ＫＫ君は教授から聞き出したのです。なので、ふだん若島教授がやっている行動をカメラの前で演じてもらいました。その場で映像を試写してチェックすると、若島教授が書庫の隅で詰めチェスを解こうと四苦八苦する様子があり、画面にそこはかとないユーモアがにじみ出ました。思わずメンバーたちに笑みがこぼれます。

本という〈モノ〉を撮るのは難しくないのですが、本好きという〈コト〉を撮るのは容易ではありません。撮影とは奥深いもの。でも、プロのカメラマンは目に見えないモノやコトを撮ることができるのです。

なお、これは〈ヤラセ〉ではありません。ふだん行われているできごとを〈再現〉するという演出です。

コラム7　人の目とカメラの目

人の目は驚くほど機能的かつ統合的に作られています。現実を取捨選択して、最適のサイズで眺めることができます。中心的な事柄とまわりで起きている事柄、いま起きている事柄と過去に起きた事柄を関係づけながら、映像を記憶してゆくといえるでしょう。さらに人は、視覚以外の四感をも動員してその場の印象を補強しています。

いっぽうカメラの目では、フレームの外側で起きていることは少しも記録されません。またフレームのなかに入ればなんでもかんでも記録します。肉眼だったらよく見ていないはずのものまで取り込むのです。

人の目は総体的で、カメラの目は限定的といえるかもしれません。したがって、目の前の現実をカメラで切り取っても、その場にいた人が認知した内容とかけ離れるということが起こります。

こんな話があります。富山県の八尾では毎秋、伝統行事「風の盆」が行われます。哀調を帯びた胡弓の音色に合わせて、ひっそりと踊る人々。風の盆という名にふさわしい風情のある伝統行事です。テレビの映像に感動して訪れた人は、現地に行くと面食らうでしょう。たしかに胡弓を弾く人、踊る人――その優雅な姿は映像通りです。しかし、その踊りの輪を取り囲むようにしている、おびただしい群集と混雑もみえてしまうのです。イメージのなかにあった、あのしっとりとして切ない風の盆とは似ても似つきません。

カメラがとらえた映像は嘘ではありません。しかしそれがすべての真実とはいいきれないものです。

●撮影ってなんだろう

撮影は技術です。そこでプロのカメラマンのやりかたにちょっと目をつけてみます。

参照するのは、一九九三年に作成された『撮影業務入門』（NHK放送技術局）という小冊子です。「表現の基礎的技術」と題された章の冒頭に、カメラマンとしての心得がたった一行で記されています。

撮影された画像が何なのかはっきり解る事

当たり前のことを書いているようですが、実際にやってみるとなかなか難しいものです。冊子はこの心得の意味をさらに詳しく説明しています。

はっきり解るとは?

1　ピントが合っている。

2　ブレがなくて、はっきりしている。

3　質感の描写が正確になされている。

4　撮影意図がはっきり表現されている。

何なのか解るとは?

人間は人間、物は物、平面体か立方体か、固体か液体か、表面の表情は凸凹かザラザラしているか、スベスベしているか、構造、仕組みは、どのような事象なのか、見ればズバリ解ること。(『撮影業務入門』)

現在のビデオカメラでは、ピント、露出、レンズ操作などの機能が自動化されていて苦もなく画は写ります。だからといって「何なのかはっきり解る」ように撮影できるかというと、そう簡単ではありません。

まず、撮影対象をしっかりファインダーのフレームのなかにおさめることです。Mカメラマンはなにをフレームのなかにいれるかが撮影のポイントだといいます。「なにをフレームのなかにいれるか、なにを切り捨てるか、その判断力がすべてだと思う」。Yカメラマンは人間を中心にした画面の軸を作ることを強調しています。「必

図 3-7　カメラ・サイズ

ず画面のなかに軸を作る。人物を軸に画作りする」。

そして取材対象との距離ですが、Tカメラマンは「少なくとも相手の息がかかってくるような距離がいい」と考えています。Mカメラマンは具体的に二メートル半と言っていて、そのときの画のサイズについては、「肩が入るサイズだと、背景が歪まず、その人物の生活環境も出る」。と極端なアップショットよりやや引いたサイズ（写楽の人物画のような切り取り方）を勧めています。と、ここまでは基本中の基本です。スチルカメラによる写真撮影とあまり離れてはいません。

図3―7は、画のサイズを表しています。FS（フルショット・全景）、FF（フルフィギュア・人物の頭から足先まで）、KS（ニーショット・膝から上）、WS（ウェストショット・腰から上）、BS（バストショット・胸から上）、

UP（アップ・顔の大写し）です。

ビデオカメラ撮影は、行為および行為の流れをいかに撮るかが大きな課題です。それは「意図をもった」撮影をすることだ、Iカメラマンはそう語ります。「なにかができるところをパッと撮るんじゃなくて、その前段にああいう失敗、こういう失敗があったというような段階を撮っていく、それが意図だと思うんです」。撮影とはそこにあるものを単に撮るだけでなく、どうやってそこにあるものとなり、それはこの後どうなっていくかという、方向性をもった撮影することが「意図をもった」撮影なのです。

撮影とは単なる技術ではなく、かなりの経験と判断が必要な作業なのです。

コラム8 カメラマンのプロフェッショナル

「わが人生に悔いなし」というドキュメンタリー番組を手がけたとき、私はS君というカメラマンから学んだことがあります。かつて私が広島放送局に勤務していたころの同僚で、なかなか人を見る目が深いカメラマンです。

「わが人生に悔いなし」はガンに冒され余命半年と宣告されたあるタクシー運転手の物語です。主人公が実家の母を訪れた場面がありました。彼はこれまでも一人暮らしの母をよく訪ねて、家の手入れや庭仕事を引き受けてきました。しかし、この日は特別です。これが最後になるかもしれないのです。Sカメラマンは主人公が実家を訪ねたところから撮り始めます。

主人公は壊れた戸の修繕にあたりました。思いつめた表情でハンマーを振りおろします。側にカメラマンがいることも忘れて作業に打ち込みます。迫真の場面です。こういう場合はたいてい、主人公の顔や手元のアップを撮りにいくものです。だがSカメラマンはその顔にカメラを向けることはしません。後ろに回りこんで、背中をしっかり撮りました。

「万緑の中、しゃがみこむ男の後姿。右肩が上下し、トントンと槌音だけが響く。ゆっくり時間が流れる。日が陰る」これが、Sカメラマンが撮った映像のすべてです。これを後に編集してつなぐと、画面には「悲哀」と呼べるものが浮かび上がってきました。Sカメラマンは意図をもって撮影に臨んでいたのです。

さらに、もっと高度な例を挙げます。吉野兼司は四九歳で亡くなりましたが、フィルム時代に活躍した伝説的なカメラマンです。吉野を追悼する記念文集で、プロデューサーのSKさんはその遺児に向かい彼の卓越した力量をこう伝えています。

「カメラは物事の表面を撮ることはたやすい道具です。でも、見えないもの、過去や未来、心の中をとらえるのは苦手です。ところが、あなたのお父さんは、その目に見えないものを形あるものにすることができる数少ないカメラマンでした」。

見えないものを形あるものにするとはどういうことでしょうか。吉野さんの「ある人生・耳鳴り」という作品がそれを実際に達成しています。

「主人公は広島の歌人正田篠枝。正田は原爆症のためガンになり、八畳一間の病室で寝たきりの生活を送っていた。その正田の所へ知人がやってくる。その人は手にツクシをもっていた。それを見て正田は季節を感じるのであった。いっぽう激しい痛みと耳鳴りが正田を時折襲う……」。

この作品では、狭い室内だけで彼女の境遇が描かれ心境が浮き彫りにされます。吉野カメラマンは、正田の姿、しぐさ、言葉を一つも逃すことなく切り取り記録しながら、彼女の苦悩、悲哀、焦燥という、目に見えないものを表現していったのです。たとえば、知人の来訪のシーン。ツクシを受け取る正田は普段と違って柔和な表情となる。と同時に彼女の閉ざされた世界が、この到来ものののツクシからみえてくるのです。これはその年の最良のドキュメンタリー番組だと評判になりました。

英語では撮影のことをshootingといいます。対象を「撃つ」という意味でしょう。映像を作り上げることは一種の闘いと見ているようです。ところが日本では、shootingを「撮影」と訳しました。この翻訳にはなかなか味わい深いものがあります。

「撮」とはつまみ取るという意味です。そして、「影《かげ》」はちらちら揺れ動く光をあらわし、「かがみ」や「かげろう」と同系統の語です。撮影とは単にモノ（物・者）を写せばよい、対象を撃てばよいということではないようです。撮影とは奥が深いのです。

●取材・撮影の実践3　取材拒否

取材とは相手のあることですから、さまざまな事態が起こりえます。別の年度の授業での例ですが、二〇〇五年の「白川道」グループでは、取材初日からショックなことが起きました。

白川道とは荒神口から北東に伸び滋賀県の近江坂本に至る古い街道です。かっては京都大学のキャンパス内をも通っていました。志賀越え、山中越えとも呼ばれています。その道端に大きなお地蔵さんがあります。それはなぜかという疑問をK君がもったことから企画が生まれました。

ディレクターのK君はリサーチをH君と手わけしました。H君は白川道をリサーチするうちに歴史家に出会いました。話を聞くと詳しい知識をもっていそうです。本論はカメラをもってきたときに聞かせてほしいと、その場でお願いして帰ってきました。

そして本番の当日。あらかじめ約束をしていた午後一時過ぎに、その人の家をカメラや音声、ディレクタースタッフ全員で訪れました。門扉が閉まっています。インターホン越しに取材のアポイントメントをしていることを家人に伝えたところ、しばらくして、当人は会いたくないと言っている、という返事がかえってきました。数回やりとりしたのですが、取材拒否の姿勢は変わりません。あきらめてその場を離れることにしました。納得できないのがH君。あれほど懇切に対応してくれた人に手のひらを返したように拒否されてしまったのです。思わず路上にへたりこみました。

取材拒否。これは現場ではよく起こることです。取材を申し込んだ者の人柄や態度が気に入らないというより、むしろ取材される側の気分次第ということもあるのです。

タフな取材で有名なノンフィクション作家・野村進はこう言っています。

電話で取材拒否されても、たまたまそのとき機嫌が悪かったから拒否したのかもしれない。次に手紙を出して、電話をかけて、また断られたら直接会いに行ってみる。それでも断られると、もう一回だけ会いにいく。すると立ち話くらいはしてくれるかもしれない。（井田真木子ほか著、藤吉雅春インタビュー『ノンフィクションを書く！』ビレッジ・センター出版局、一九九九年）

一人で仕事をするライターですらこれほど拒否にあうものです。ましてなん人ものスタッフが行けば、当人は面くらい、取材を拒否することは十分にありうるのです。そんなときは、取材者は自分を責める必要はないのです。時間をおいて再挑戦してみるか、それともきれいさっぱり忘れて次へ進むか、構成表をもう一度じっくりながめて考えましょう。

●番組制作と人間関係

番組を作ることは、人と交わることです。外部の人と交渉する、取材対象者と出会い交わる、スタッフと交わる。さまざまな局面で人と交差します。

ロケを行う場合はたいてい無断で撮影するのでなく、その場の管理者と交渉しなくてはいけません。個人であればあいさつをする、公共の空間であれば監督官庁に申請をして許可をとりつけます。車輌の駐車も含めて、この〈許可どり〉という作業にはけっこう時間と手間がかかるものです。

取材対象者との関係はもっとデリケートです。相手の機嫌をそこねてはいけませんが、さりとてへつらって意見を拝聴するばかりでは、真実を手に入れるのが難しくなるでしょう。相手の意見・情報を尊重しながらかつ全体像をみきわめていくという、微妙なかじ取りが要請されます。

番組を制作するなかで、もっともエネルギーをつかう人間関係は対スタッフです。趣味、嗜好、考え方が違うものが集まって一つの番組を作り上げるプロジェクトなのですから。

授業でもよくもめました。ディレクターは企画の発案者であり、一定の権限はもっていますが、それも絶対ではありません。もし絶対にすれば番組に必要な他者性が失われてしまいます。ですからスタッフと意見や路線が対立したらとことん議論をしなくてはなりません。これをいやがってはいけません。議論のなかから新しいアイディアの発見が起こり、コクやふくらみのある番組に変容する契機ともなるのです。ただ、実際の授業では大変でした。よくあることですが、筋道を通すための議論であればまだしも、どうでもいいような瑣末なことでもよくもめました。

学生の声 《ああでもないこうでもないと言いながら夜を徹して編集したときの雰囲気にはなにものにも代えがたいものがある。そういった人間関係を味わう意味でも、この授業は貴重であったと思う。そしてよい作品ができた。みんなでやったことが形になって残るのはやはりすばらしい》

コラム9　長期取材

一九七〇年代のドキュメンタリー番組は、じっくり型が主流でした。リサーチ、取材、編集にたっぷり時間をかけるのです。たとえば、五つ子誕生にまつわる番組作りがそうでした。

一九七六年、昭和五一年一月三一日に鹿児島の病院で五つ子の赤ちゃんが無事誕生し、日本中が大騒ぎとなりました。お父さんは山下頼充（NHK記者）、お母さんは山下紀子。五つ子たちと対面したときの印象はと記者会見で聞かれて、山下夫妻は「あんなに小さいとは……」と絶句し、体全体で喜びを表しました。そして五人に名前がつけられ発表されます。福太郎、寿子《ひさこ》、洋平、妙子、智子《さとこ》。その可愛らしいしぐさや表情が連日のようにニュースで全国に流れました。退院の朝、看護婦さんに一人ひとり抱かれて退院する五つ子。病院の玄関には「五つ子ちゃん　ようこそ」という大きな垂れ幕がさがり、お祝いにかけつけた大勢の人々と報道陣でわきかえりました。日本中の注目を集めたのです。

NHKはできたばかりのNHK特集の枠で、その成長を長期に追いかけ大河ドキュメンタリーを作り上げていきました。

NHK特集「五つ子一年」（一九七七年一月三一日放送）
NHK特集「五つ子二歳」（一九七八年二月二日放送）

NHK特集「五つ子――サンサイニナリマシタ」（一九七九年二月九日放送）
NHK特集「五つ子――四歳ニナリマシタ」（一九八〇年二月一日放送）
NHK特集「一年生になりました――五つ子六年間の記録」（一九八二年四月九日放送）

このように、ざっと六年間、撮影が続けられました。いまでは考えられません。というのは、一つの話題にスタッフを長期に張りつけられるほどの余裕が現在はないのです。当時はチャンネル数も少なく、放送時間も終日でなかったので編成的に余裕がありました。いわゆるソフトは不足していなかったのです。だから一本一本の番組、とりわけ特集には手間ひまをかけることができました。

技術的な面からもじっくり型は時代に即していました。「五つ子一年」はフィルムで撮影されています。当時まだビデオカメラは開発途上で機材は大きく持ち運びは不便でした。ロケ撮影には適していません。それに比べてフィルムカメラは小型で軽量なものの、フィルム一巻の収録時間は短く最大一〇分でした。やみくもに撮影するわけにはいきません。加えてフィルムカメラは同時録音も苦手で操作がやっかいでした。事件が発生してもすぐ撮影に入ることができず準備時間が必要でした。だから取材期間を長くしてじっくり撮影するよりほかなかったのです。

しかし、このじっくり型ドキュメンタリーが「五つ子」に続いて「こずえちゃん」「のぞみ三歳」など名作を次々にはなち成功していきます。この方法は取材者と取材対象者の関係を深めるのに役に立ったのです。長く撮影をしていると、お互いのあいだに情がうつります。取材者は取材対象者に愛着を感じるようになり、取材対象者も取材者に親近感を覚え次第によろいを脱いでいくものです。そして見事な瞬間と遭遇し記録撮影に成功するのです。

「一年生になりました――五つ子六年間の記録」で、こういうシーンがあります。小学校入学の面接試験が近づいたころ、山下家では試験に備えて予行練習が始まりました。面接官役の母と一人一人対面します。山下家の居間にカメラが入っているのですが、母子ともにその存在を意識してはいません。普段と変わらない時間が流れています。次女の寿子ちゃんの練習のときです。部屋に入ってきたときから寿子ちゃんは母に甘えたがっていましたが母は許しません。練習が終わって次の子と交代のはずですが、寿子ちゃんはテーブルの下にもぐりこんで母の足にまといつきます。紀子さんは「いけません！　さっさと帰りなさい」と大きな声で注意。そして部屋を出る前に一礼しなさいと命じます。寿子ちゃんがしぶしぶ頭を下げた瞬間、ゴツンとおでこをテーブルの縁にぶつけます。痛さをこらえながら照れくさそうに笑う寿子ちゃん。絶妙の瞬間です。カメラはしっかり記録していました。

現在のテレビ制作では、こういう仕事のしかたはほとんどありません。つねに時間に追われていて短期間で取材を仕上げることが要請されます。機材の発達がそれを可能にしたということもあります。経費のうえでも日程のうえでも番組編成論のうえでも、長期取材という手法はもはや終わりつつあります。でも、過去の手法とかたづけていいのでしょうか。その答えを私は保留したい気がします。

3―4 インタビュー

●最大の手法、インタビュー

インタビューは、取材の中で最大の手法です。この手法を通して、登場人物の記憶、情報、心情、心境が明らかになります。その人物がその状況のなかでなにを知ったのか、考えていたか、どういう気持ちだったのか、当人の口で語られるのです。さらに、インタビューは人間同士の関係も明らかにします。Aさんは、Bさんは、それぞれなにを思っていたか、AさんとBさんはたがいにどう感じているのか、問うことで関係が掘り起こされてくるのです。

取材で、インタビューする人を〈インタビュアー（聞き手）〉、インタビューされる人を〈インタビュイー（話し手）〉とします。

インタビューは聞き手と話し手が共同で事実を発見したり解明したりする作業です。しかし、ふせておきたい事柄を白日の下にさらすという後ろめたさがつきまとうこともあります。だから、まるで罪を犯すような思いでインタビューが進んでいくので、「共犯関係」という言葉がふさわしいと思うときもしばしば起こります。このことを話していいのか、黙っておくべきか、話し手が迷うことがあります。このとき聞き手はせっかちに口を出してはいけません。どんなに言質をとりたくても話し手がみずから話し始めるまで、じっと待つのです。

さらにインタビューには、治療同盟のような側面もあります。まるで医師と患者のようになにか大きな傷から立ち直るのを助けるようにして、インタビューすることもあるのです。

図 3-8　インタビューの様子。別マイクはインタビュイーのできるだけ近くに持っていく

聞き手の心構えは以下のようなことです。

1　聞き手は、話し手についての基礎情報や資料を事前に得ておく。その人物に、なんのために、なにを聞くのか。ということをしっかりおさえる。

2　すぐに本題に入らないこと。インタビューを始めたら、おもむろに雑談して話し手の緊張を解くこと。これを〈ほぐし〉と言う。

3　大げさな問題提起や切り口上を避ける（話し手は緊張しているということを忘れないこと）。

4　だらだらと聞かない（一五～二〇分をめどとする）。

5　聞き手の質問で話題の流れを作る（ほぐし→本題→関連情報といった具合に）。

6　ノートをとる（重要な事柄は記録し、事実関係を確認しながら話を進める。わからないことがあったら質問する。知ったかぶりをすると編集時苦しむことになる）。

7　聞き手はあせらない、あわてない（あせって質問しないこと。聞き手があわてると話し手にも伝染する）。

●まずいインタビュー

流暢に話せない、口下手だからといって、インタビューがだめということはありません。むしろ口先がうまいといわれる人のほうが要注意です。聞き手の側にあらかじめシナリオがあって、それに沿うように誘導尋問を発するなどということは論外です。話し手の感情を揺さぶって、涙の一つも流させようという魂胆のインタビューは絶対避けるべきです。「こんなにご苦労されて、さぞかし大変だったでしょう？」などと、本当はそう思ってもいないくせに口先だけのヒューマニズムをおしつけるような取材は、後でラッシュをみるとびっくりするほど聞き手のあさましさが表れるものです。

長い質問もよくありません。答えはイエスかノーだけになって味気のないものになります。観念的に問えば答えも観念的です。聞き手が自分の意見を語って話し手に同意を求めるのもよくありません。さらに最悪は、「あなたにとって○○とはなんですか？」という決まり文句の質問です。

こんな番組を見ました。ある地方の祭をテーマにしたドキュメンタリーです。祭を支える人々の群像が描かれます。取材は春から始まって夏の本番まで続きます。番組の最終章で、祭がすんだ後の人々の表情をとらえます。主人公のひとりHさんへの最後のインタビュー。「Hさん、あなたにとって、この祭とはなんですか？」Hさんは背中を向けたまま答えません。代わって、ナレーションが流れます。「しばらく沈黙。そして、○○祭なしに人生なんて考えられない、Hさんの背中がそう語っていた」。

いかがですか。本当にナレーションのようなことをHさんは思ったのでしょうか。まずそれが気になります。そしてなにより取材者の姿勢が気になります。彼らはこの祭は人々にとってどんな意味があるだろうと考えて、半年にわたって取材してきたはずではないでしょうか。それを一言で言わせようとするところに、取材者の浅さを感じてしまいます。「あなたにとって○○とはなんですか?」という質問は、逆に質問した側を照らし出すことになります。これだけは口にしないと、胸に叩き込んでおいてください。

インタビューは、言葉で語られた内容だけに価値があるわけではありません。語り方、語り口、身ぶり、眼差しなどが、もう一つの内容になるのです。ときには沈黙すらも重要なのです。話し手が口をつぐんだとき、聞き手は矢つぎばやに質問してはいけません。大切なことが隠されているシグナルである可能性が高いのです。私の経験からすると、沈黙が出現したときには重大な事柄が背後にひかえています。

コラム10 インタビューはコラボレーション

人の記憶というものは不思議です。長く忘れていたことが突如としてよみがえることがあるのです。撮影という非日常では、そういうことが起こりやすいということを、私は体験的に知っています。

一九六三年の夏、原水爆禁止大会の模様を伝えるため、作家・大江健三郎は編集者の安江良介とともに広島を訪れました。このとき書かれたのが名作『ヒロシマ・ノート』です。その冒頭に、「僕については、最初の息子が瀕死の状態でガラス箱のなかに横たわったまま快復のみこみはまったくたたない始末であったし、安江君は、かれの最初の娘を亡くしたところだった」と、大江は自分たちの置かれた事情について書いています。

その年の初めに生まれた安江の長女は死産でした。六月に生まれた大江の長男・光は脳に障害をもっていました。そして手術をするかどうかを大江は迷っていたのです。その葛藤から逃れるようにして大江は広島へ行きました。そして八月六日の原爆の日、平和大橋の下を流れる川での灯篭流しに二人は参加したのです。編集者の安江は長女をとむらうため灯篭に名前を書いて流しました。

それから三一年経った一九九四年の八月六日、同じ太田川の現場で私は大江にインタビューしました。私は光が生まれた年の広島についてたんねんに聞いていきました。一時間ほど経過したときのことです。大江はあっという声をあげました。「僕はあのとき、安江君の流す灯篭に僕と光の名前も書いて流そうとしたんだ」。忘れていた記憶が火花のようによみがえったのです。「安江君は、なにをしているの光さんはまだ生きているじゃないの、と強く僕をたしなめた」そう言って、大江はうなだれました。ながく大江は自分の名を記したことを忘れていました。このとき、大江は死の側にあったのです。

この記憶は大江にとって忘れ去りたい事実だったのでしょう。無意識に記憶を封印していたのです。それがカメラを向けられマイクを差し出された非日常の場面で、記憶がよみがえり証言したのです。

このできごとは私にとって大きい意味がありました。インタビューというものは一方的に話者が話すものではなく、話者と聞き手のコラボレーションであると知ったのです。

●ぶらさがりインタビューは禁物

テレビを見ているとときどき、政治家や芸能人が国会の廊下やホテルの隅で立ち話といった風情でインタビューされていることがあります。これを〈ぶらさがりインタビュー〉というそうです。ですが取材中、対象者に話を聞くという局面が起きたとき、このように別の行為をしたままインタビューするのはやめましょう。

仕切りなおして、話を聞く場を設定すべきです。きちんと三脚も立て、できればワイヤレスマイクもセットしてのぞみましょう。そして聞き手は聞く内容、項目をあらかじめ確認します。

場当たりでインタビューを始めてはいけません。親しい間柄であっても、本音や個人的事情については口が重いものです。ましてやよく知らない取材者とあってはなおさら話さずにすまそうとするかもしれません。インタビューの場をきちんと設定することで、話し手に話す覚悟をさせる効果もあるのです。

学生の声《二時間以上にも及んだインタビューでしたが、最終的に使った部分はごくごくわずかでした。しかし、その使われなかった大半の部分が本編に与えた影響は非常に大きかったと思います。これは「彼の半生を理解するのに必要であった」とかいう直接的なものではなく、番組制作の根底となったものであったと思います》

●インタビューの検証

話してもらう努力をするいっぽうで、インタビューに応じてくれたものの、話しはじめたらとまらない人がいます。口が重い人というのも大変ですが、興に乗ってますます雄弁になるという人もある意味で大変です。語っている内容が真実かどうかきわめて危ないのです。意識的であれ無意識的であれ、人は驚くほど事実を語らないものです。話を誇張したり装飾したり、ときにはまったくの虚構を語る場合もあるのです。

語られたことが真実かどうかはインタビューの根幹にかかわります。そのための検証を現場で行ったり、そこでできなければ別の場所（たとえば編集室）でやっておかねばなりません。

1　現場でできること……同じ話を二度聞く（つじつまが合わないことを発見する）。
2　非現場ですること……違う立場の証言を聞く。文献やデータなどの資料にあたる（裏をとる）。

こうして事実として確定できたインタビューだけを本編集の中で使用していくのです。検証して信頼性がゆらいだインタビューは使わない、ということはいうまでもありません。

●取材・撮影の実践4　インタビューの失敗

第三グループ「発見！　京大の謎――折田先生七変化」は当初から波乱含みでした。

折田先生というのは京都大学の前身である旧制三高の初代校長だった人物で、現在銅像がキャンパス内に建っています。この像に異変が起きたのは今から二〇年以上も前のこと。何者かによって赤くペンキで色を塗られたのです。以来、帽子をかぶせたり衣装を着せたりしてコスチュームプレイの対象になりました。いまでは大学の名物の一つです。

この折田像についての企画を立てたのは三回生のＳＹさん。アニメやコミックスが大好きという彼女は、最初からこのエピソードにこだわっていました。ところがリサーチを始めると、この像のコスプレの起源については諸説があり、仕掛けたといわれる人物も複数いて正確に捕捉できません。事実関係にあいまいさが払拭できないなら企画として採択しないとプロデューサーである私は言明していたのですが、ＳＹさんの情熱に押されて条件つきのゴーサインを出していました。

やがて、最初のペインティングの張本人だという人物をＳＹさんは探し当てました。その人物から話を聞き出すことができれば意外な事実が浮かび上がるかもしれません。期待が高まります。ところがその人物は顔を出してのインタビューは困るといってきました。声だけの証言では番組の信用性が疑われます。もし顔出しインタビューに応じられないならこの取材は失敗といわざるをえません。ＳＹさんは必死の説得を続けました。努力の結果、その人はカメラの前に立ってくれることになったのです。彼女の粘り強さはなみはずれており、ディレクターのかがみといえるでしょう。

いっぽう頑固でもあります。思い込むとなかなかそこから抜け出せません。ドキュメンタリーは多様な事実を相手にするので、一つの考えにとどまるのではなく、新しい事実に対応していかなくてはなりません。

ペインティングの仕掛け人へのインタビューはうまくいきました。彼は当時学生で大学当局に不満を持っていたことからこのパフォーマンスが始まったと証言します。そのころのことを語るうちに、その人はだんだん興がのってきて当時の像の台座を探しに行くことになり、カメラはその姿を追います。台座の残骸を見つけたところで、その前でインタビューとなりました。ペンキを塗った話になると、カメラにお尻を向けてその箇所を指差しながら説明し始めました。第三グループはそのまま撮影を続けます。

インタビューの撮影を終わって、第三グループのメンバーはワーキングルームに戻りそのシーンを試写しました。そのとたん、スタッフはみな驚き落胆し、頭を抱えました。せっかく証言者が熱心に語っているにもかかわらず音声が聞こえないのです。カメラについているマイクでは、後ろ向きの彼の声は拾えなかったのです。

この場合、インタビューを一度ストップさせて、きちんと前向きになってもらってから彼を撮るべきだったでしょう。撮影を中断するのはなかなか勇気がいるものですが、恐れてはいけないのです。

3―5　音声と照明

●音声を拾う

このように、カメラは遠く離れたものでも映像としてキャッチすることは可能です。しかし、音はそう簡単ではありません。マイクの感度を上げれば遠くの音を拾えるわけではありません。この話のように、後ろ向きの人物の音声を拾うのすら容易ではないのですから。

授業では、カメラに内蔵されているマイクを使用しました。このマイクは小さいわりに全方向の音を均一の感度で拾います。だからインタビューでカメラ前の人物の声だけを拾ったつもりでも、帰って試写をすると周囲の雑音もめいっぱい拾っていて、頭をかかえることがたびたびでした。

プロの場合はどうするかをちょっと参照してください。ロケに出るときは常時三種類ほどのマイクを用意します。

1　無指向性マイク――汎用性の高いマイクで全体を録るのに適している。

2　インタビュー用超指向性マイク――指向性がつよく一方向にある音しか録音しない。手持ちマイクとして威力がある。ドキュメンタリーに向いている。

3　ピンマイク――クリップのついた超小型マイク。インタビューでネクタイなどにつけて録る。

プロはケースに応じてマイクを使い分けています。アマチュアはこんなに機材をそろえるわけにはいきませ

図 3-9　遠ざかる人物の音声をどう録るか？

んから、カメラマイクのバックアップとして録音機（ボイスレコーダー）を準備しておくのがいいでしょう。

たとえばこんなシーンがあるとします。主人公と友人が対話しながら土手の一本道を両面手前から奥のほうへ歩み去っていくという場面です。画像は、カメラが二人の後を追っていかなくとも、レンズのズーマーを使えば造作なく撮れるでしょう。ところが遠ざかっていく音を収録するのは容易ではありません。録音のボリュームを上げたとしても、他のノイズもいっしょに大きくなってしまいますから、話す声はぼやけてしまいます。

音を録るのはやっかいなのです。この二人が対話しながら歩いているとすると、カメラの先につけたマイクが離れるにつれ、音は次第に消えていくということが起こります。プロのスタッフワークであれば、音声マンが釣竿のような長いマイクを持ってカメラと別々に音を拾ったり、ワイヤレスマイクをあらかじめセットしたりするぐらいの余裕はあるでしょう。

個人のビデオ制作の場合でも、ワイヤレスマイクをセットしてもいいのですが、事態が動いているとき、ひとりでカメラもマイクもこなすことは相当難しいでしょう。こういう場合は、大胆にボイスレコーダーを登場人物に手渡して、それを使って話してくれと頼んでみるのも一つの方法です。そんなのは不自然だとためらうよりも、音が拾えることのほうがよほど大事なのですから。そして、ここがポイントですが、その「渡す」という行為も撮影しておくのです。取材の手法を、登場人物にも、そして後には観客にもばらすのです。**手法の露呈化**です。

もっと野放図な方法もあります。主人公が歩いていくほうへ先回りして、複数のポイントに集音マイクを配置し、網を張って音を拾うのです。今時のボイスレコーダーは、小さくても高性能で、しかも安価です。いずれにしろ、カメラのマイクだけではなく録音機材をいくつか準備しておいて活用し、音声を拾うことに力を注いでください。これは編集段階に入ったとき、とても大切だということを痛感するでしょう。

●照明（ライティング）

照明というのはフィクション（ドラマ、劇映画）かノンフィクション（ドキュメンタリー）かによって取り扱いが大きく異なります。

西村雄一郎『一人でもできる映画の撮り方』（洋泉社、二〇〇三年）のなかで著者・西村雄一郎は劇映画の照明について「照明の役割とは、影を作らないようにすることでなく、影を創る作業なのだ」と語っています。「影」こそが照明の根本だといいきっています。その例として、映画「羅生門」の、主人公の多襄丸と姫君が出会う有名な森のシーンをあげています。日盛りの森のなか、寝そべっている盗賊・多襄丸の顔に木の影が深く射しています。一陣の風が吹いてその影が大きく揺らぎます。これはカメラのフレームギリギリのところに

図 3-10　レフ板を使用する

木の枝をもってきて創った影でした。それを西村は「人間を狂わせた『夏の熱さ』が表現できた」と高く評価しています。これがドラマにおける照明の存在理由です。効果をあげるために照明が作為的に使われるのです。

いっぽうノンフィクションは、現実をなるべくそのまま切り取ってくる作品です。あえて照明を当てたりとか影を創ったりとかいう作為は必要ないのです。原則として、雨の日、曇りの日は別として戸外であればふんだんにある太陽光をそのまま利用すればいいのであって、授業でも照明の必要はないと私は考えました。機材の進歩はめざましいものがあって、カメラの感度も相当よくなっています。ノーライトでも屋内のちょっとしたショットならじゅうぶん撮影できます。

ただし、レフ板は用意します。レフ板とは銀紙を貼った板で、光を反射させて補光する反射板のことです。現在は銀紙でなく銀色の布地式になっていて折りたたみできる製品もあります。屋外にあっても被写体がすべて順光の中にいるとは限りません。逆光にいる場合には、撮影しても顔が暗くなって表情がわからないということが起こります。そういうときにレフ板を使って光を被写体にあてれば、画像が格段に向上し、伝達性が高まります。

コラム11　ダイレクトシネマとシネマベリテ

取材するときの姿勢には二通りあります。一つは、取材者は被取材者と（表面的には）交わらないというものであり、もう一つは積極的にかかわっていくというものです。

現場では、カメラやマイクの存在は思った以上に大きいもので、被取材者はその存在を相当気にします。意識するあまり、ついカメラ目線（カメラのレンズを見ること）になることもしばしばありますが、映像がぎくしゃくして不自然になります。自然っぽさ（「映像の真実」）を保つためには、カメラがあるということを被取材者にはっきり意識させるか、あるいはカメラを隠しとおすのか、いずれかの姿勢を選ばないといけないのですが、それが初めに書いた二通りの姿勢になります。

この姿勢をめぐって、一九五〇年代にドキュメンタリー映画の世界で新しい流れが起きます。〈ダイレクトシネマ〉と〈シネマベリテ〉です。ちょうどこのころ、撮影機材の性能がよくなりました。テープレコーダーが小型化し、録音技術が進んだのです。また、カメラもどこにでも入っていけるようになり、ぶっつけ本番も可能になったのです。ちなみに録音技術の発達は対話やインタビューといった手法の存在を大きくしました。

一九六〇年代、アメリカのライフ社で無線式の同時録音方式が発明され、撮影のしかたも急激に変化します。このとき活躍したのがメイスル兄弟です。彼らは便利になった撮影機材を使って生き生きとしたドキュメンタリーを制作し、話題を集めました。メイスル兄弟の手法はダイレクトシネマと名づけられました。被写体の前にカメラの存在を押し出すのです。それをずっとやっていると、いつしか被写体となる人物はカメラを意識しなくなるのです。カメラマンは透明人間になってバンバン撮影することができました。

カメラという存在は不思議です。撮られることを嫌がる人もいれば、逆に写されると思って張り切る人もいるのです。ジャン・ルーシュも積極的にカメラの存在を押し出して被写体を挑発して撮影する手法をとりました。

ジャン・ルーシュの本職は人類学者です。彼がアフリカを調査したときのことです。ある民族の調査で中心人物に普段の様子を撮影したいと言いました。カメラの前でその振る舞いを見せてくれと頼むとその人物はがぜん張り切りおおいにノリました。単なる暮らしの姿だけでなくその裏に潜んでいることまでさらして振舞ってくれたのです。その映像は見る者を思わず引き込むほど迫力に満ちたものとなりました。このルーシュの見事な撮影法を有名な映画評論家のサドゥールはシネマベリテ（映画の真実）と呼んだのでした。

『世界ドキュメンタリー史』を著したエリック・バーナウはダイレクトシネマとシネマベリテについて言及しています。ベリテでは撮影する者は堂々と現れ、ダイレクトでは姿が見えないことをのぞむ。ダイレクトは危機が起こるのを待機し、ベリテは危機をあおろうとした。ダイレクトは傍観者の位置をのぞみ、ベリテは挑発者の立場をとった、と。

この両者は一見正反対でかけ離れているように見えますが、実は撮影の状況に撮影者が関与するということにおいて共通しているともいえます。これはドキュメンタリーの演出ということを考えるうえでとても重要なことです。

3―6　演出の諸技法

●演出とは

映画監督の黒沢清は「カメラで形容詞を撮るのは難しい」といっています。たとえば海に行って広い海に感動したとします。それをビデオカメラで撮って帰って家で見ると、確かに「海」は映ってはいるものの、「広い」はどこにも映っていないことがあるというのです。

映像とは一筋縄ではいかないものです。そこで、現場では映像化するためにさまざまな演出――現実の加工――が必要になってきます。黒沢の場合であれば、「広い」を作り上げるために加工するのです。とりあえず、ここでは段取り、設定、再現という代表的な演出を紹介します。いわずもがなですが、演出は粉飾ではありません。ましてや事実を捏造する〈ヤラセ〉とはまったく違う、正当な技法です。

●段取り

第二グループ「図書館探訪」の事例です。文学部図書館の一角には貴重書庫があって、京都大学にかかわる貴重な資料や縁のある人物の書物などが収蔵されています。西田幾太郎の直筆原稿が保管されているということなので、それを撮ろうということになりました。

書庫には鍵がかかっているのでグループのメンバーには内部の様子がつかめません。直筆原稿はどこにどんな状態で保存されているのか、見当がつかないのです。図書館の職員に鍵を開けてもらって撮影場所を下見することにしました。目指す品物の所在を確かめ、照明もかなり暗いということを把握しました。

状況を把握したうえで撮影開始。職員が戸を開けてなかへ入り電灯のスイッチをつけます。カメラはその後を追います。職員が奥の書棚から一個の保管箱を取り出し、閲覧用の机まで運びます。ここまでをひとかたまりの撮影、一ショットとしました。次に閲覧机の上に置かれた保管箱の前に三脚を立ててカメラをセットします。明かりも調整したうえで、新しいショットを開始します。職員は保管箱のひもをはずし、なかから原稿用紙をとりだします。カメラは西田幾太郎の原稿全体を凝視し、次にズームインして直筆の文字をアップにします。そこでストップ。二つ目のショットとしました。

このように現場をあらかじめ見て、段取りを構想してから撮影することがあります。〈段取り〉という演出です。

もう一つ段取りの事例をあげましょう。ある人が会社に抗議に行くというシーンです。その人は会社の建物に入っていきました。入り口でガードマンに呼び止められ、受付に案内されました。そこで用件を伝えたところ、受付嬢はある課と連絡を取りました。やがて面会が許され、かたわらのエレベーターに乗り込みます。扉が閉まる——というシーンがあったとします。

この場合、撮影者は登場人物の後からついていって一部始終をシュートするのでもちろんOKです。でも受付がすんなり行かないなど、事態が長びくということもありえます。見通しが立たないままビデオテープだけが漫然と回り続けるということもおきかねません。

こういう不都合を避けるために、建物の構造や受付の存在などを下見するのです。あらかじめ撮影者自身が状況を把握して段取りを立てるという方法を取ります。そのシーンのねらいを念頭において、撮影に必要なポイントを一通り把握し、一応の見とおしを立ててから撮影にのぞむのです。たとえば、受付が混んでいて長時間待たされるかもしれません。面会が拒否されるということもありうるでしょう。そういうときでもあらかじめ段取りの基本形を頭に描いておけば、混乱を最小にとどめることができるはずです。

●設　定

イメージが拡散せず、ねらいをはっきりさせた映像を撮りたいと思えば、〈設定〉という演出をします。

被爆三八年目の夏、被爆者に話を聞いたときのことです。お宅にうかがったとき、その人は身内の葬儀から戻ったばかりで喪服姿でした。死者はもちろん原爆の被害者です。仏壇には灯明があげられ、その人は手を合わせて一心に祈っていました。古来、広島は安芸門徒と呼ばれる人々の多い地です。その姿を見て私はインタビューを仏壇の前に設定することにしました。カメラをセットし、マイクを向けたとき、その人は悲憤のあまり肩を震わせました。撮影された画面——中央に証言する人、その人の背後には亡くなった身内の遺影、線香の煙がくゆっている……。制作者の伝えたいことを画全体で語ることができたのです。

「オリンピックオーク」の第一グループも、この〈設定〉を活用しました。陸上部員である現役学生にインタビューするシーンがあります。すっかり葉の茂った、番組の主題であるオリンピックオーク。その下で撮影しました。学生が話すあいだ、葉群がときどき風にそよぎます。映像は、木がまるでこの学生たちを包み込んでいるような慈愛に満ちていました。

●再現（イメージカット）

小説が過去形のメディアだとすれば、映像は現在形のメディアといえるのではないでしょうか。映像は、レンズの前で起きたことをとらえるのは得意ですが、過去を映すのは苦手です。そこで、〈再現〉という演出が必要になってきます。役者でもない一般の人が、たとえ自分のことであれ過去を演ずるというのは、抵抗があるのでしょう。そこで、イメージカットという手法を使うのです。その現象を物語る場所や事物、人物のかけら、断片をモンタージュして過去を表現していくものです。ときには、比喩的・象徴的な映像も用います。波乱に富んだ人生は激流が渦巻く映像、孤独をあらわすのは無人のブランコ、という具合で、あるものを描くのにそのものではなく別の画で表現します。

再び第二グループ「図書館探訪」の事例です。西田幾太郎にかかわりのある「哲学の道」を撮影しました。これは単に紹介としての風景ではなく、西田幾太郎が私生活で苦難の道を歩んだということを象徴的に表現するために、哲学の道を移動撮影するのです。画面中央に白い砂利の道、下手には琵琶湖疎水が流れ、上手に植え込みがあって、カメラは右へ左へゆっくり揺れながらトラック移動するのです。この映像に後からこんなナレーションがかぶせられます。「西田は貧しい生活の中で、長男の死、妻の病という不幸に見舞われる苦難の道を歩みます。それでも研究への情熱は冷めやらず、京都大学に寄贈した書籍は一六〇〇冊を越えました」。

イメージカットでは、そのものの形をそのまま撮らないことがコツです。レンズにフィルターをかけたりカメラを傾けたり揺らしたりして、少し映像をゆがめておくのです。ノーマルな現在の映像との差異をつけておくのです。

ただし、この手法の映像は、その根拠となる資料、証言つまりテキストの存在が重要です。その事実がきちんと裏書きされているのが前提であることは、いうまでもありません。事実が確かめられないままこういう映像を作ることは、意図的に誤解を導くことになるため、断じて許されません。

コラム12　演出は妙薬にして毒薬（パルマコン）

パルマコンとは、古代ギリシア語で薬という意味です。英語の薬剤、薬局（ＰＨＡＲＭＡＣＹ）と語源を同じくする言葉、それがパルマコン（ＰＨＡＲＭＡＫＯＮ）です。

高橋哲哉さんの『デリダ』（講談社　一九九八年）という本で、ソクラテスのエピソードを記したプラトンの記述の中に、「パルマコン」というキイワードがあることを教えられたのです。

実は、このパルマコンは一筋縄ではいかない代物で、一方では薬、医薬、治療薬のことであり、他方では毒、毒薬のことを指すというのです。妙薬にして毒薬というものです。しかも、あるときは薬、あるときは毒薬というだけでなく、良薬と意味するその時ですら同時に毒薬としての悪しき面も含むことがあるというのです。

ドキュメンタリーにおける演出もまたパルマコン的性質を持っていて、あるときは妙薬であり、あるときは毒薬に陥りやすい。かつ、どちらとも言えないという危うい面も持っています。

演出は時には「やらせ」という毒薬に転じやすいのです。

「やらせ」は事実の捏造です。なかったことをあったかのように見せる毒をはらんでいます。演出は映像表現の不可欠の手法としてあるわけですが、用いる人によって「やらせ」に転じてしまうこともあるのです。

数年前、テレビで大々的な捏造事件が発生したとき活字メディアから激しく批判され、映像の作り手はきびしく手法を戒めました。というより、表現することに及び腰になりました。表現がみるみるやせ細っていったのです。この反動で、近年「演出」の必要性が映像の側から主張されるようになってきました。今では、ノンフィクションの番組で「演出」は自明になりつつありますが、それが高じて悪しき演出つまり「やらせ」または「やらせすれすれ」の過剰演出が横行するようにもなりました。

《「編集で言葉をつなぎあわせて、まったく逆の意味のことを喋らせたり、CG技術を応用して仕種を変える手法も〝演出〟の一つだしね。」略『ヤラセ』は減った一方で、過剰な〝演出〟が増えた。」略「ヤラセはダメだが、編集や演出はOKというのが今のテレビ局の考え方。」》（雑誌『噂の真相』二〇〇二年一一月号、「秋の番組改編でも反省なきテレビ局の視聴者参加番組のヤラセ〝笑撃暴露〟」）。真偽のほどは分かりませんが、こういう声が上がってくる実態があるのではないかと憂慮されます。

ここで高橋さんのパルマコンの解説に立ちもどって、克服の方途を探ってみます。

パルマコンは「両面価値的」であるけれども、大切なことはその対立項の差異がたえず動く、一方を他方の中に移行させる運動もしくは戯れだと述べています。

この考えを私は、ドキュメンタリーの演出にまで敷衍しました。このように理解したのです。表現上演出は不可欠だ。だから怖じずに押し進める。そうしながら、地獄の中の一本道を一歩ずつ進むように、やらせの誘惑を見切りその毒を慎重に排除してゆく。そうして、演出として確立したうえでもその中に毒が紛れ込んでいないか再度たしかめる。いわば演出の「脱構築」というべきでしょうか。

制作者は簡単に成功の甘い蜜は吸えないのです。いつもぎりぎりの運動の上に成り立つ「演出」に身を置くことが求められるのです。

3—7 プロの工夫をみてみよう

これでひととおり撮影をしました。でも、ここで終えてはいけません。腕のいいディレクターというのは、現場でささやかながら入念かつ巧みな工夫をしているものです。その技を少し紹介します。

●表現する方法を探せ

番組を作るにあたって、まず制作者の頭によぎるのは番組のスタイルです。この与えられた主題を表現するに最適の方法はなんだろうかということです。カメラで撮影してきたビデオテープだけで構成していくものか、スタジオでトークとして表現すべきものか、それともスタジオ番組ではあるがビデオによるリポートも一部取り入れるか、あらゆる可能性のなかから制作者は方法を選ぶのです。

方法を固定化させてはいけません。いつでも撮影した素材だけで勝負するべしという固定観念にとらわれて、方法を狭めないことです。ときには、ニュース映像やほかの番組映像も駆使して作成するといったふうに、その主題にふさわしい方法を探るべきです。動きがあって画になるものだけを追って、撮影しても効果的ではありません。事実を伝える文書があればその活字をとらえるという方法もあります。ただし、他人の映像や文書を利用する場合、著作権が発生するということは忘れてはいけません。

記録するのはカメラだけとはかぎりません。カメラをもって現場をうろうろすると、撮影対象者が意識してこちこちになるということがあります。そういうときは、小さな目立たないテープレコーダー一つで取材してもいいのです。すなわち、音さえあればＯＫです。どんな形であれ記録しておけば、後の編集段階で表現の方法を工夫してカバーできるのです。

●フィラーを避けよ、絵葉書にするな

「静止画まで美しい」というビデオカメラの宣伝コピーがありました。おそらく画像がそれほどまでにクリアできれいだ、といいたいのでしょう。でも私はビデオ作品を作る場合には、静止画まで美しい必要はないと考えています。

一般に個人制作のビデオ作品は美しい画像のものが多いと思います。まるで絵葉書のように、ピシリと決まった画が続きます。とくに紀行作品には多くみられます。名所・旧蹟の実物に出会うと撮っておきたいという気持ちがわきます。そういう場所には画になるポイントというものがあって、ほとんどの人がそこからお決まりの映像を撮ります。そのため、すでにどこかでみたような月並みのものになりがちです。

〈フィラー番組〉というものがあります。フィラー（filler）とはすきまを埋めるものという意味です。映画などきっちりとした時間で終わらないコンテンツを番組編成した場合、三分とか五分とかいう時間のすきまを埋めるものが必要です。たとえば一時間五八分の映画には二分のフィラーを組み合わせます。

このとき用いられる映像とは、あたりさわりのない風景が大半です。美しい景観、季節の風物をみせます。ヨーロッパの古城、離島の自然、深山幽谷、季節の花々――こういった映像がバックグラウンドミュージックにあわせてゆったりと流れます。このフィラー番組に過剰なメッセージや意味をこめてはいけないし、見るがわもそれを期待しないでしょう。つけたしであって、メインディッシュは別にあるわけですから。

でも、このような映像は私が本書でめざす作品とはかけはなれています。美しいことは二の次です。まず、情報や、作者の意図もしくはメッセージがしっかり表れていることが肝要です。「絵になる風景」はなるべく避けてください。そういう映像を使うと物語がお決まりになってしまいます。絵葉書のような映像は、作品作りには向いていないのです。

●否定的事実を映像化する

映像は行為（アクション）をとらえます。海へ行く、山へ登る、泣いた、笑った、といった具合です。もう少し広げれば、父母がいる、東京に住んでいる、川が流れている、など事実を描きます。もっと厳密にいえば、幸せである、金持ちである、美人である、人柄が良い、といった肯定的事実を描くことが得意だといえるでしょう。

ところが、否定的事実といったことになるとなかなか手に負えるものではありません。ある一家は幸せでない、人柄も良くない、となると、なにをどう撮ればいいのでしょうか。その家族の不幸な歴史を再現でもして映像化するのでしょうか。悪い人柄を示すものとして、意地悪なしぐさや差別的な言葉を拾うのでしょうか。無論、そういう方法もあることはあります。でも、悪いことや嫌なことはできれば人前には出したくないもの。取材に応じてくれる人は少ないでしょう。否定的事実や現象を映像化するのは一筋縄ではいきません。

フィリピン、セブ島の少女を取材する番組でこんなことがありました。ディジーという一四歳の女の子は、スラム地区出身だが努力してチェロの演奏家を目指していました。篤志家が経営する音楽学校に通って練習に励んでいたのです。その活動とその子の気持ちのおおよそのところはつかんでディレクターは早々に帰国しました。

そして編集を始めてみて、ある部分がたりないということにディレクターは気づきました。彼女の家庭環境の厳しさが表現できていないのです。海外ロケなので、再度取材というわけにはいきません。プロデューサーだった私はなぜその状況を撮らなかったかと叱りました。するとディレクターは貧しいから家まで来て欲しくないと取材を拒否されたと、言い訳します。

そこがポイントです。そのことこそ撮影するべきではないでしょうか。むりやり自宅に押しかけて撮影しろというのではありません。取材したいむねをもちかけるところから撮影すればいいのです。彼女はそれだけは勘弁してほしいと断るでしょう。その様子を撮影しておけばディジーの置かれた環境、つまり家が貧しいので見せたくないという状況が浮き彫りになるのです。撮影できない、取材して欲しくない、という「否定的」な事情が映像化されるのです。

うまいといわれるディレクターは、そういう取材をきちんとやっています。

●ミタメショット

〈ミタメショット〉とは、ある人物の主観からみたショットのことです。取材本番で示した〈押さえ〉という手法に似ています。主観・客観の関係を映像で表現する方法といってよいのではないでしょうか。ある人物の行為を撮影したとします。そのアクションは一応押さえたとしてその人物からはどう見えていたか、主観的な光景を映し出すのがミタメショットです。

これは劇映画でよく使われる手法です。たとえば、ヒッチコック監督の映画「裏窓」で使われた有名なショッ

図3-11　ミタメショット

ト。主人公のJ・ステュアートが自分の部屋から向かいのアパートの部屋を双眼鏡でながめています。その行為の映像の次に、双眼鏡に映った映像（見た目）が続きます。アパートの住人の生態を双眼鏡のフレームがふちどっています。単に裏窓の光景を紹介するだけでなく、ながめている主人公の気持ちも見えてくるのです。文字どおり芝居じみたショットで、やりすぎるとリアリティを失うことにもなりかねませんが、ドラマだけでなくドキュメンタリーでも使われることはあります。

たとえば、ある青年が父母の墓を参るシーンを撮るとします。「彼は花束を抱えてやってきた。墓を洗い花をそなえた後、手を合わせて瞑目。おもむろに開いた目にはいっぱいの涙が浮かんでいた」。これが、アクションのすべてです。一連の動きを撮影した後、カメラを墓に向けます。このときフレーム内には青年の姿はなく、墓のみが映し出されます。つまり青年が見たであろう〈ミタメ〉を押さえるのです。こういうショットは編集をふくらませるのに役立ちます。

3—8　追加撮影

●追加撮影

撮影というのは、ひととおり撮ったつもりでも大事なものが抜け落ちていたりすることがあるものです。授業でも第五週で撮りきれなかった映像をフォローする撮影が行われました。追加撮影です。

この追加撮影というのは、編集段階に入っても続くことがあります。取材が終わったのでもはやカメラもマイクも不要というわけにはいかないのです。取材スケジュールの調整がうまくいかなくて、編集の日程まで撮影が食い込むということもありますが、もっと内容的な要請から追加撮影が起こります。その撮影は編集という作業を一度経ないとみえない、やっかいなものです。

第四章で詳しく述べますが、第一回目の粗編集を終えておおよその番組の形を作り上げると、物語の流れのなかに穴ぼこがたくさん現れてきます。話がつながらない、話が流れないのです。その穴ぼこは取材段階ではみつけにくく、編集して一通りつないでみてはじめて、なにが映像としてたりないかがわかるのです。

そのたりないことがわかった映像を編集の作業中に撮影する、これを〈追加撮影（追撮）〉と呼びます。これは本番撮影のときより、映像の意図、イメージがはっきり限定されているので、ある意味では撮影が比較的簡単ともいえます。

●追加撮影のインタビュー

現場でのインタビューというのは、状況が進行するまっただなかでの撮影ですから生々しい感情があふれています。いわゆる臨場感のあるインタビューです。観客の共感を得やすいでしょう。ところが実際に現場の熱気から離れてラッシュを冷静に見ると、そのインタビューが物語の流れや文脈に合っていないことに気づきます。中身が空疎で形容詞だらけ、あっちこっちに話題が飛んで話している意味がわからないということもあります。

取材日程がすんで編集作業の途中段階で、制作者はインタビューの話し手と再度話し合います。物語全体の説明をして意見を交換し、インタビューの内容をしっかり固めるのです。そして納得してもらえたら再度インタビューをします。この追加撮影は、粗編集の後に設定したらよいと、私は考えます。

学生の声《インタビューは当初の主旨で質問しているため、編集段階になってもっと違うことを聞いておけばよかった……と思うことがけっこうたくさんあった》

●ブツ撮り

取材過程の最後の作業は、〈ブツ撮り〉です。刑事が遺留品を指して〈ブツ〉ということがあります。犯人が残した物品のことをいうのでしょう。取材の現場でも、取材対象者のまるで遺留品のように、その人物を表す物品があります。その人物の持ち物であったりできごとをあらわしたりする物です。

そういうテーマとかかわりあるブツは撮っておく必要があります。編集するときに大事な要素になることが

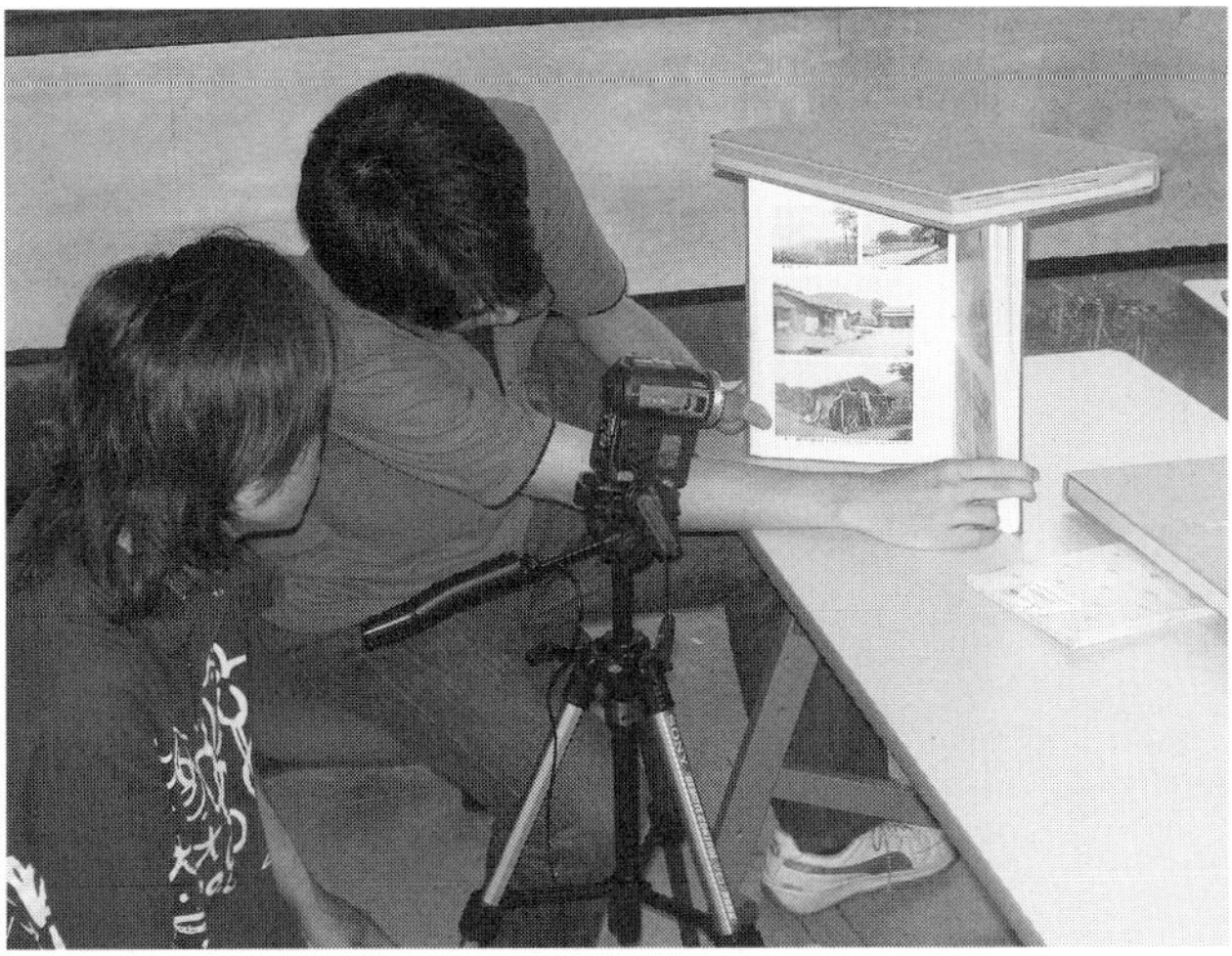

図 3-12　スタジオでのブツ撮り。窓際の明るい場所で撮影する

多いのです。とくに雑誌や新聞など印刷物は物としてだけでなく、その内容が情報としても重要です。

ただし、本の活字のように小さく細かいものの場合、標準レンズから接写レンズにレンズを交換したり、照明を工夫したりと手間がかかります。作業にも集中力が必要となります。あわただしい現場ではなかなかうまくいかないでしょう。そんなときはブツを持ち帰ってスタジオできちんと撮るほうがよいでしょう。もちろん所有者にはきちんと借用のことわりを入れてです。こういうブツ撮りを、接写作業といいます。この作業は撮影の最後の段階にしたほうが効率的だと思います。

京都大学でのブツ撮りは、追加撮影の最終日に作業室でおこなわれました。この作業は音声は無視できるので、部屋の中で三グループが同時に撮影することができます。第一グループ「オリンピックオーク」は接写するものはほとんどありません。第二グループ「図書館探訪」は西田幾太郎の著書や顔写真などを、照明を工夫しながら接写撮影しています。第三グループ「折田先生七変化」はインターネットの画面を撮ろうと苦心しています。

映画の世界でこんな話があります。日ごろから全力投球で張り切り屋のH監督のエピソードです。家の表札を撮影することになりました。ブツ撮りです。

監督はスタジオじゅうに響くような大声でいいました。「静粛に、今から本番」。そしておもむろにかつおごそかにカメラに合図を送る。「用意、シュート!」二〇名近いスタッフが息を殺して本番に集中しました。でも何か変です。表札は単なるブツです。声を出すわけでもなければ芝居をするわけでもない、なのに大勢が寄ってたかってしかも声を殺して撮影するなんて――。いまも語り継がれている笑い話です。

第一、二、三それぞれのグループは、ブツ撮りも含めておおむねロケが終わったようです。これでいよいよ編集作業に入っていきます。次回以降の〈編集〉コースで、番組が少しずつ形をあらわしてきます。

コラム13 制作と製作

テレビと映画は多くの観客にみせるという点においては似ていますが、事業の立ち上げかたが大きく異なります。

まずテレビは、〈企画→制作(取材、編集)→放送〉、という仕事の流れです。映画は、〈企画→制作(撮影、編集)→営業(上映、興行、宣伝など)〉、という流れになるわけです。テレビは番組を作れば作業の大半が終わったことになります。放送することへの努力はそれほど大きいものではありません。できあがれば自動的に放送されることがあらかじめ決まっているシステムです。

映画は料金を支払ってもらうという興行や、ほかのメディアでの展開をはかる宣伝が、事業のなかで大きな比重を占めるのです。作品ができ上がった後、宣伝をうって観客の動員をはかったり、ＤＶＤ化して販売したりテレビへ放送権を売ったりして制作資金を回収する努力をはらうのです。

〈制作〉とはあくまで実際に撮影したり編集したりする、狭い意味の「作る」ことを表します。映画業界では〈企画↓制作↓営業〉という全体をビジネスとして、〈製作〉と呼んでいます。だから映画においても〈制作〉の段階はありますが、通常映画を作るというと、〈映画製作〉と表記します。これでいうと、テレビは〈制作〉であって〈製作〉という面をもっていないといえます。

第四章　編集と仕上げをする（ポスト＝プロダクション）

●編集と仕上げ

第三の過程、ポスト＝プロダクションには〈編集〉と〈仕上げ〉という二つの作業があります。編集は手間のかかる作業ですので、授業も三週にわたって展開されます。仕上げはナレーションをつけることとテロップを入れる作業で、これは一週でおこないます。

まず、第七週は編集の初期作業です。撮影してきたラッシュを通して試写しながら番組の輪郭を作り上げて、大雑把な構成をたてます。その構成案に従ってカットを集めて並べてみるという粗い編集です。

第八週は編集の本作業、余分なカットはどんどん削ぎ落とし、カット同士の衝突による新しいイメージを創出（モンタージュ）し、作品に流れを作り出します。編集に磨きをかける段階です。

そして第九週は編集の後期作業。予定の尺に合うように仕上げて、編集を終了します。

一〇週目は仕上げの作業で、一本につながった画像に、必要な説明の音声や字幕の情報を付加します。こうして番組ができあがります。

4―1　粗い編集――編集の初期作業

●映像の最小単位、カット

〈編集〉とは一言でいうと、ある方針や目的のもとにラッシュ（未編集映像）や資料映像を集め、他者が見ても理解したり味わったりすることができる作品の形にまとめあげることです。

唐突ですが、ここで文章のことを考えてみましょう。文章を書きあげてゆくことと映像を編集することはよく似ているのです。文節がいくつか集まって、ある意味のまとまりをもつ文を作り、文が集まってストーリーのある段落を作り、段落が統合されてメッセージを持った文章を作っています。文章を作り上げる最小単位は文節です。

文章↑段落↑文↑文節

映像に置き換えると文節にあたるのがカットです。文はシーンで、段落がシークエンス。文章が番組と考えるとわかりやすいでしょう。

番組↑シークエンス↑シーン↑カット

〈カット〉とは、編集に用いる画像の最小単位のことです。撮影のときはカメラのスイッチを押してから切るまでをショットと呼びました。でも、このショットをそのまま編集に使うわけにはいきません。これには撮り始めや撮り終わりの不要な部分を含んでいるからです。なのでそれらの不要な部分をを取り除いてカットにしてから編集に使います。ちょうど生け花でいえば、花を活ける前に一本一本の花にハサミを入れて剪定するようなものです。そのカットを集めて一つのシーン（場面）を作りあげます。シーンを集めて一つのシークエンス（挿話）が語られ、シークエンスを集めると番組ができあがるのです。

●モンタージュとは

以上、文章と映像の類似性をみてきましたが、文章にはない映像の大きな特性についてふれておきます。それはモンタージュです。

一九二〇年代にロシアの映画作家レフ・クレショフは映像を使ったこんな実験をしました。彼は俳優・モジューヒンのアップの映像と、別の三種の映像、スープ皿・棺・子供、をそれぞれつないでみたのです。モジューヒンの映像はすべて同じものです。そして事情を知らない人に映写してみせました。そうすると、スープ皿とつないだ場合はモジューヒンが飢えているようにみえ、棺の場合はモジューヒンが悲しんでいるようにみえ、子供の場合は愛情深い父親にみえたのです。しかも、モジューヒンはさすが名優だと賞賛されたといいます。同じ映像を使っただけですから、もちろんモジューヒンが特別の演技をしたわけではありません。でも編集によって、観客に感動を与えたのです。

これがモンタージュのはたらきです。フランス語の monter（組み立てる）からできた言葉で、まさに映像の組み合わせ、組み立て方しだいによって、意味が変わるということを発見したのです。

ここで簡単なモンタージュをやってみましょう。たとえば、こういうラッシュがあるとします。

シーンa　図書館（＊撮影順に番号がつけられています）
a―1　図書館閲覧室のロングショット
a―2　図書館の受付
a―3　掲示板→新刊本案内の記事
a―4　本棚に並んでいる本
a―5　読書する人

a―6　本の背表紙のアップ
a―7　本を書架から取り出す人→手元

このなかからラッシュを選んで、意味をつけてつないでみます。

a―1　図書館閲覧室のロングショット
a―4　本棚に並んでいる本
a―6　本の背表紙のアップ
a―5　読書する人

このつなぎにすると、一つのストーリー〈この図書館はたくさん本があって利用者が多い〉があらわれてきます。そこで別のつなぎ方をしてみると、

a―3　掲示板→新刊本案内の記事
a―1　図書館閲覧室のロングショット
a―7　本を書架から取り出す人→手元
a―5　読書する人

このように別のストーリー〈図書館には本を探す、読むなどのさまざまな人がいる〉が生まれてきます。このようにカットのつなぎの順列を変化させるだけで、ストーリーもどんどん変わるのです。a―1、a―2、 a―3……、これがカットです。カットを集めて一つのシーン、シーンを重ねて一つのシークエンスといった具合に編集が進められてゆくのです。

編集作業の流れは、〈ラッシュ試写、粗編集、編1作成、検討、再編集、編2作成、……〉といった具合に作り直しては試写をし、また作り直すという作業を繰り返します。そのはてに最終編集、最終試写がやってくるのです。

学生の声《もっとも難しかったのは、モンタージュのやりかた、とくに映像における接続詞の表しかたでした》《撮った画がそのまま視聴者に伝わるのではなく、その前後にどんなカットをもってくるかによって一八〇度意味の違うものができてしまう。大変恐ろしい情報操作の技術をまのあたりにしました》

●編集の専門家、編集マン

テレビの現場では、この編集の段階で、〈編集マン〉という新しいスタッフが参加します。強力な助っ人です。この人物はロケに出ていないので、現場の事情はまったく知りません。そのため取材対象に変な思い入れを持たずに客観性を保てます。それればかりか取材結果についても大胆に価値判断をします。どんなにねらいがよくても、映像がそれを表していなければ、使い物にならないと一刀両断。どんなにその映像を撮るのに苦労したとしても、ラッシュにねらいが表されていなければ不良品と認定します。いっぽう、取材者が気がついていないことも、先入観のない新鮮な目で発見し、映像から新たな意味を拾いあげることもあります。編集マンとは、与えられたラッシュのみから物語をつむぎだす人です。この存在は大きく、取材におけるカメラマンに匹敵します。

編集というのは一カット一カットつないでゆく苦しい作業ですが、いっぽうでこんなにエキサイティングなものもありません。巨匠・黒沢明は、自分でフィルムを編集したそうです。映画の撮影すら、編集の材料をとるにすぎないと考えていたそうです。編集に対する黒沢監督の思い入れを、たえずかたわらにいてみ続けてきた野上照代は証言します。

「まず編集の材料を撮る」ということなんです。わたしは、これを『羅生門』のころからずっと毎回聞かされている。「材料を撮るために撮影している」って。（野上照代『天気待ち――監督・黒澤明とともに』文春文庫、二〇〇四年）

これはすごいことですね。でも実際に編集作業に入ってみると、そのおもしろさがわかってきます。カットの組み合わせによっていろいろなイメージが生まれてくるのですから。まるで自分が造物主にでもなったかのような気分になります。

●編集作業の実践1　ラッシュ試写から構成を考える

さて、授業です。七週目の授業の冒頭に、ポスト＝プロダクション、編集とはなにかを簡単に説明したところで、各グループは実際の作業を開始しました。Adobe Premiere という編集ソフトを使ってパソコンで作業をするのです。編集ソフトには価格が安い Ulead VideoStudio とかフィルム編集の味が出る Final Cut Pro とかいろいろありますが、今回は高機能の Adobe Premiere を使用します。

各グループでパソコンが得意という人物が編集マンの役目を引き受けることにし、それ以外のメンバーは周りから見守ることにします。といってもただ傍観するわけではありません。どのカットとどのカットをつなげばよいか、全員で知恵を出し合います。

まず、撮影してきた映像すべて（ラッシュ）を全員で試写してから、編集方針を協議することにしました。見おえるとさっそく、番組のオープニングをどう編集するかで各グループの議論が始まりました。撮影は必ずしも取材構成表どおりにできてはいませんから、各グループは、根本から計画していた構成の見直しをせまられています。新しい構成を立てるとなると、ではどのカットがオープニングにふさわしいのかから議論を始めなくてはなりません。

ひときわ大きな声が飛び交うのは「折田先生七変化」グループ、どうやら意見が対立するだけでなく混乱しているようです。「オリンピックオーク」「図書館探訪」の両グループは、ロケが順調に進み編集のめどがたったのですが、「折田先生七変化」はグループの中で意見がまっぷたつにわかれていました。像の歴史を描くのか、コスプレの変遷をたどるのか、仕掛け人を追うのか、編集が始まる段階にいたっても方針が定まらないという厳しい状況が起きていたのです。スケジュールは押し気味で、時間的余裕がありません。もはや小田原評定している場合ではないはずですが、メンバーはそれぞれ自分の主張をぶつけ合っています。

4―2　粗編集の下準備

●ラッシュとは

編集するために基本的な知識を身につけておきましょう。まず、〈ラッシュ〉について一言説明します。

ラッシュとは、未編集の試写用フィルムを指す言葉で、映画の世界で使われてきました。映画の場合、撮影はネガフィルムで撮られます。これが貴重な原版（オリジナル）です。次にそれはコピーされてポジフィルムが焼かれます。これをラッシュプリントといって、いろいろな作業に使われることになります。

つまりオリジナルを使用して本編集する前に、ラッシュプリントで仮編集（ダミー編集）をおこなうのです。だからラッシュは映画の後処理作業（ポスト＝プロダクション）の基軸になるものです。

このラッシュという言葉がテレビの現場でも使われるようになりました。でもテレビではフィルムではなくビデオテープを使っています。ビデオテープ（とくにデジタル）はフィルムと違って、テープそのものは傷つきにくく、劣化もほとんどありません。わざわざコピーするまでもなく、直接編集すればいいのです。

ですから、ラッシュの意味も変化します。テレビ制作においては、撮影してきた映像をラッシュと呼んでいるのです。つまり未編集の、不要な部分まで含んだ映像を指して、ラッシュといっています。ここでの、ラッシュの意味は「編集されていない」素材だということです。一つ一つの映像にまだ意味も価値もついていない状態の素材です。これが、編集によっていろいろな意味を生み出します。

●ラッシュ試写

ロケを終えてくると数本から数十本のテープ（あるいはファイル）が手元に残されます。テープには一巻につき四〇分収録されたとして、三本あれば一二〇分のラッシュが手元にあるわけです。そこでまとめてラッシュを試写します。撮影してきた順番に全テープをチェックします。最初の一巻をロール1として、ロール2、ロール3、といった具合にナンバリングしながらみていきます。試写の際には、最初に撮りこぼしがないかを点検

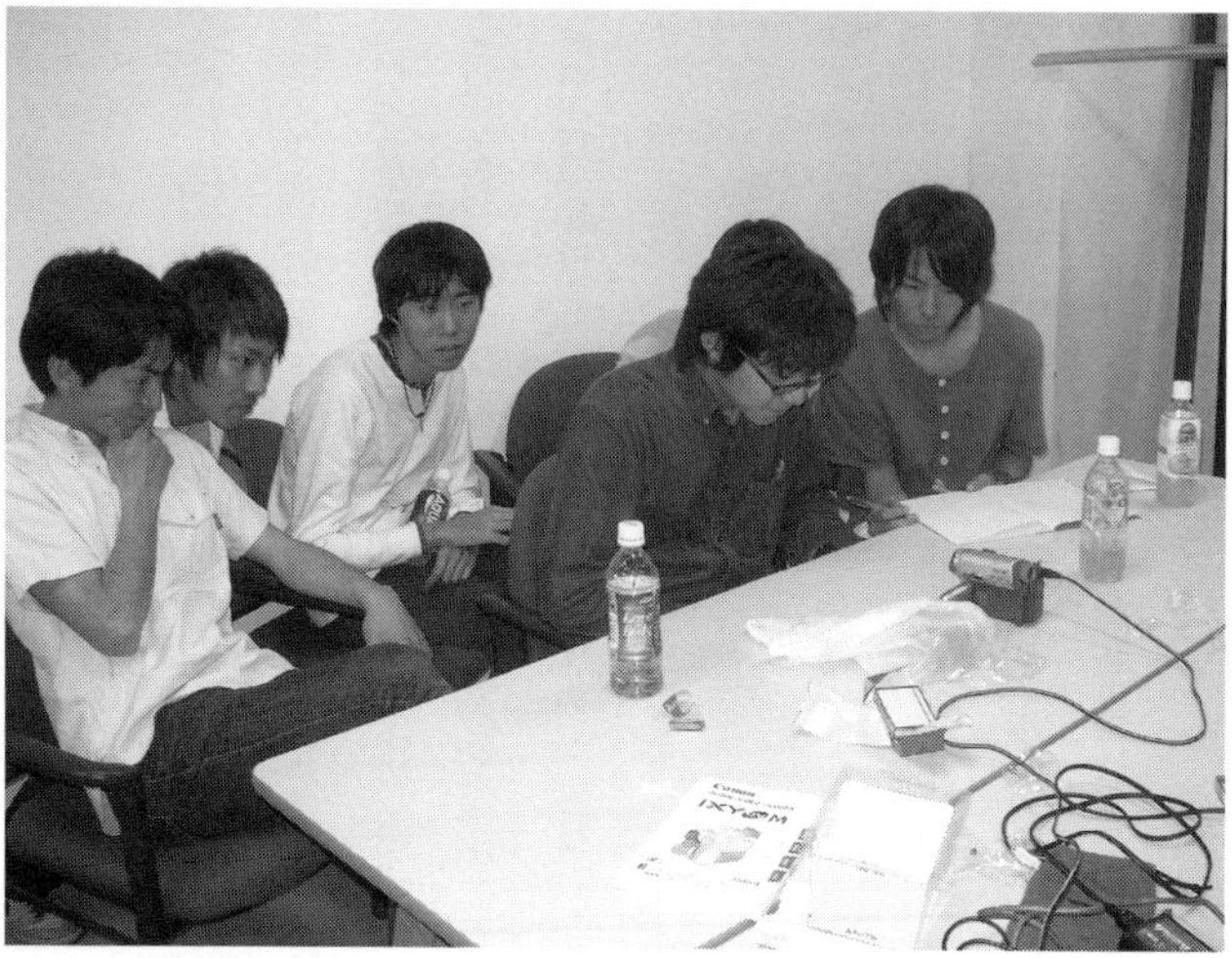

図4-1　撮影してきたラッシュを試写。映像の内容をみなで見て共有する

します。もし、あればすぐに追加撮影の予定をたてましょう。

でもラッシュを試写するのは、単に撮影してきたものを確認するだけではありません。試写していくとさまざまな発見があるのです。現場で見聞したものを、撮影・録音というかたちで獲得してきたわけですが、試写をすると違和感を感じるものです。自分が現場で受けた印象と、映像とが合っていないのです。

ラッシュを見ているうちに、現場でもっていた印象が裏切られたり、思い入れが勘違いだとわかったりするものです。予定していたものを予定どおりに撮ったはずなのに、こんなものではないと叫び出したくなります。自分で立てた仮説が、ラッシュ試写を進めるうちにどんどん壊されていくことに気づくでしょう。意外かもしれませんが、試写をするとたいてい自信を喪失するものです。

ですが、ここであきらめてはいけません。危機はチャンスでもあります。頭のなかで立てた仮説がくずれ、現実がもっている荒々しさ生々しさがおどりでてきたのです。現実は仮説よりずっと深く複雑です。そこで、新たにこれを組み立て直すことによって、多面性をもち、リアリティを保持した作品へと前進する契機をつかむことができます。これはスリリングなおもしろさでもあります。自分の仮説が破壊されるいっぽうで、新しい創造力・構想力がわいてくるのです。

ちなみに、ラッシュ試写では必ずしも今回自分で新しく撮影してきたもの（新撮）ばかりではありません。以前に撮影された映像（自分以外の人が撮った場合もある）もまた資料映像という形でラッシュに含め、編集用として集めておくのです。素材が多ければ多いほど表現できる可能性が広がります。

●ラッシュノートを作ろう

試写を終えた後のラッシュは、編集用にきちんと整理します。まず撮影した日付順にテープのロールを並べて通し番号をつけます。ロール1、ロール2、といった具合です。ブツの映像や資料映像は後に回します。そして番号の若い順から試写して映像の確認をしていきます。そしてそのとき、ラッシュノートをつけておきます。

図4―2は、ラッシュノートです。最上段にロール番号、その隣に見出しを記入します。映像開始の時点を○分○○秒として、累積の時刻を左側、映像の内容を右側に書きます。一項目一カットです。記述は行為を中心にして簡潔に。インタビューや会話の骨子は書き出しておきます。

このノートは編集時に必要な映像を探しあてるためのアドレス帳にもなります。たとえば、「モスクワ市遠望」のカットはロール24の一分二〇秒のところにある、といった具合に映像を番地化してあれば、後で欲しい映像を探しあてるのが造作ないでしょう。さらにカットごとに価値判断を加えておくのもうまいやりかたです。生

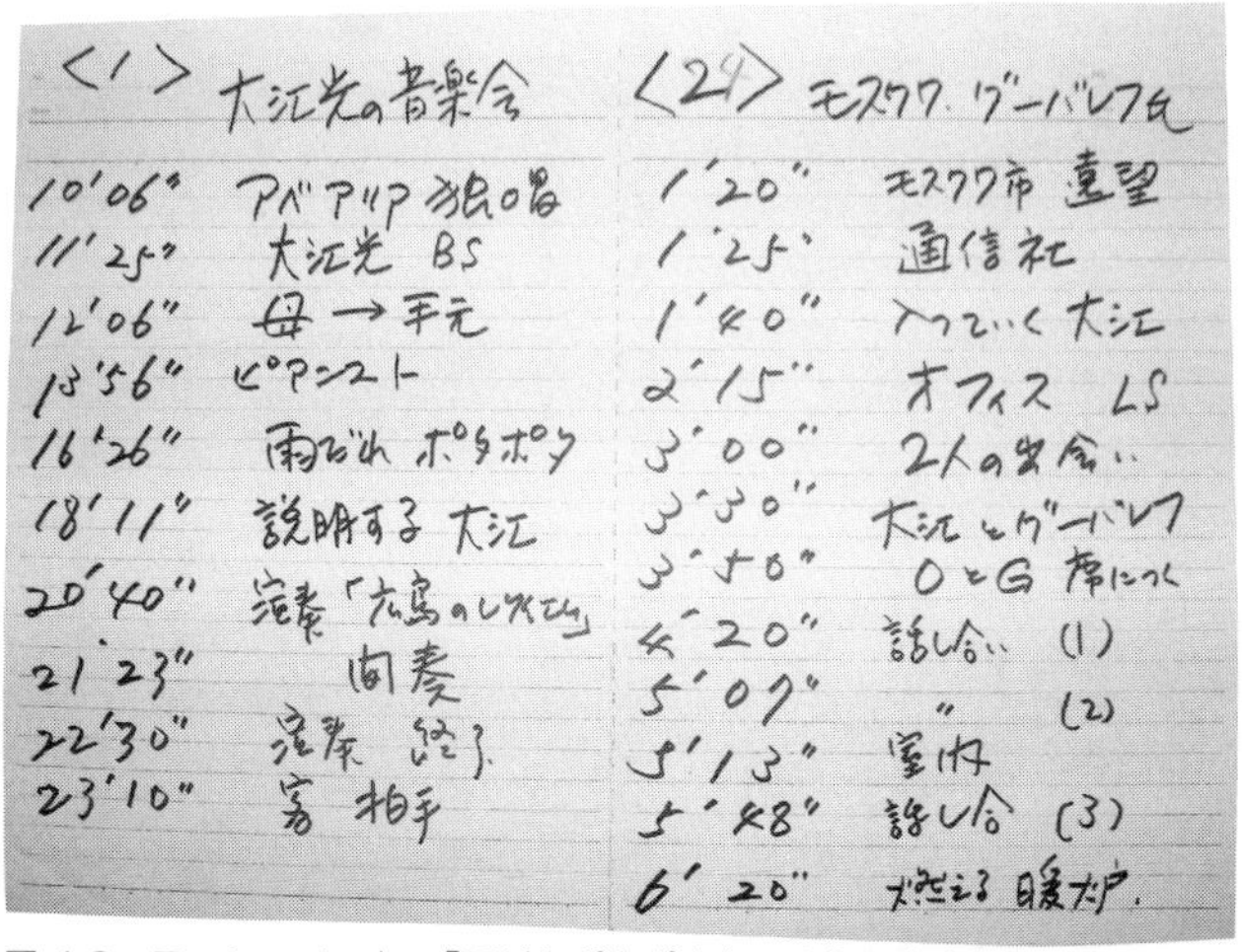

図 4-2 ラッシュノート。「雨だれポタポタ」のように内容をわかりやすく記す

き生きした映像には「◎」、無意味なものには「×」、疑問がある箇所には「?」などを書きこんでおくのです。ラッシュ試写しながら同時にふるいにかけておくと、取材してなにが明らかになったか、どんな感情を持ったかといった、自分の考えが形作られてきます。そしてなによりこれから始まる編集時間が節約できます。

学生の声 《編集を通じてラッシュノートが役に立った。早い段階で作っておいてよかった》

●編集構成表の作成

ラッシュノートを作りあげたところで、〈編集構成表〉を作っておくと、この後の作業がやりやすくなります。

取材時には取材構成表を作りました。それを片手に撮影してきたわけですが、実際撮影を始めてみると、取材構成表からの変更点がかなり出てきます。当初の構成が大きくくずれてしまうこともあるでしょうし、小さな変更程度にとどまり構成の柱は変わらないということもあるでしょう。

その変更点を、ラッシュ試写をしながら確認します。たいして変化がなければ必要ないのですが、大きく変わったときは、思い切って新しく編集構成表を書くべきです。手元のラッシュから逆算して新しい物語を構成するのです。外国ではこの編集構成表作りを〈ペーパーエディット〉と呼んでいます。書き方は取材構成表と同様です。

●編集作業の実践2　ラッシュ試写からみえてきたこと

授業では、この段階にいたって作業にばらつきが出てきました。三グループともが編集構成表を書けるとはいえない状況です。

まず、第一グループ「オリンピックオーク」はまだ撮影が完了していません。まだ大事なインタビューを残していたのです。翌日それを撮影したところで、編集方針を立てようとしています。第二グループ「図書館探訪」は編集構成表を作ってみると、まだ映像がたりなかったことが判明しました。とりあえずその日はアバウトに編集してみることにしました。必要な映像が出てきたら、そのつど撮影していくことに決めました。

問題は第三グループ「折田先生七変化」で、作業が遅れています。ラッシュ試写をしてみると、なにをいいたい映像かはっきりしない、登場人物が整理されてない、折田像の本物と偽物の映像的区別がつかない、など難問が山積しています。そのうちグループの中の主導権が、ディレクターのSYさんからSD君に移り、作業が迷走しています。とても編集構成表を書き上げる余裕がありません。「ラッシュを最初から再点検することから始めなさい」という厳しい指示を私は与えました。撮影した映像のそれぞれの意味を洗いなおすことから始めるしかありません。その作業を通じて物語を発見させようと、プロデューサーである私はたくらんだのです。急がば回れ方式です。必要とあらば、追加撮影も辞さないつもりです。

4―3　粗編集と試写

ついに編集開始です。編集構成表にしたがってカットをどんどんつないでいきましょう。カットとカットとをつなぐときに迷うかもしれませんが、とにかくまず最初から最後までつないで一本の形にすることが先決です。

編集の最初の作業は、ショットをカットに分解することです。撮影のとき、カメラのスイッチを押して切るまでを一ショットと呼びました。

たとえば、青年の墓参りをするという場面があるとします。青年が墓地にやってきて、墓を洗い花を供え、合掌する、という一連のアクションを撮影したとします。撮影時にはこれが一ショットです。このアクションを編集用に分節化することができます。「やってくる」、「墓を洗い花を供える」、「合掌する」と三つのアクションに分けることができるのです。この編集用に分けられたものを〈カット〉といいます。

●まず粗編集を

このように、ラッシュをいったんカットレベルに解体し、撮影された順序とは異なる新しい組み合わせにつなぎ変えていく作業を、「映像の編集」ということもできるでしょう。編集の初期段階では、大雑把にカットをつないで粗編集をやってみます。ただし、目指す作品の一・五倍ほどの長さをめどにして、それ以上長くならないように注意しておきます。粗編集ができ上がったところで試写をします。粗編集の結果生まれた編集第一作を、便宜的に〈編1〉と呼びます。この後編集を重ねるごとに〈編2、編3、編4〉と新しいバージョンが生まれて編集が更新されるのです。

さて、編1を試写することにしましょう。試写は仮に不都合な箇所があってもいちいちストップしません。とにかく最後までひととおりみるのです。見おわってから次のことをチェックします。

1　話は流れているだろうか。物語は成立しているか。

2　主人公に共感できるか。

3　事実関係に間違いはないか。

試写をみるときには、観客、つまり他者の目になってみなくてはいけません。そのできごとの内部にいる当事者になってはだめです。初めて話題に触れ、映像がつむぐ物語の流れだけから内容を理解するという外部に身をおくのです。世阿弥がいう「離見の見」という知恵です。役者は役にどっぷりはまって演ずるのでなく、その舞台をみている観客の目になって演ずるべきだという教えです。この能力を身につけるには訓練を要します。私も会得するのに二〇年はかかりました。だから慣れない初心者は、撮影の事情を知らない部外者に入ってもらって試写をするのがよいでしょう。そこでみてもらった感想や意見を参考にして編集作業をすすめるのです。

そして、みおわってから自分にいいわけをしてはいけません。「このシーンではこういう話が欲しかったなあ。あのシーンでは、もっとインタビューの中身を濃いものにしたかったなあ。でも、取材の時間もなかったし取材相手もいらだっていたし、撮影がうまくいかなかったのもしかたないよ」。こういう弁解は無用です。もし試写してそういう不満が残ったら、まさにそこが次の編集によって作り変えるポイントです。どう改善すればおもしろくなるかに頭をひねるのです。これこそ編集作業の真骨頂。編集は苦しく楽しいものなのです。

脚本のあるドラマですら、試写を何度も繰り返してチェックし編集をやり直すものです。二〇〇三年に公開されたアメリカ映画「アバウト・シュミット」は、ジャック・ニコルソンが好演して話題になった作品です。この映画の監督アレクサンダー・ペインは、「ストーリーがわかりにくい」「テンポが悪い」「間延びしている」といった点を考慮して、いくつかのシーンを割愛したりカットを省いたりして編集したと、DVDの特典映像の中で告白しています。

さて、こうして粗く編集したバージョンを試写して、いろいろなことを感じたはずです。「予想したとおりに番組の形になり始めていて満足だ」、こう確信をもつことはまずないでしょう。むしろ思ったとおりのイメージと相当かけ離れていると感じてショックを受けるほうが多いはずです。さあ、ここからが編集の山場です。

●迷ったらつないでみる

ああでもない、こうでもない、といつまでも決まらない相談のことを小田原評定といいますが、集団作業をしているとよく起こります。編集作業でこういうことがありました。カットをつなぐ順番をめぐって意見がわかれ、作業がストップしてしまいました。それは、パン屋の店内を紹介するシーンです。

1　客がパンを選んでいる。
2　店員がレジに立っている。

3　パンを取り上げた客が持って、レジまでやって来る。
4　店内の全体風景。

というラッシュがありました。これを〈1↓2↓3↓4〉と、つなぐのがいいのか、それとも4を最初にもってきて〈4↓1↓2↓3〉がいいのか。グループ内で意見が対立し、議論が一時間以上続きました。

こういう場合は実際につないで仮編集をやってみればいいのです〈1↓2↓3↓4〉〈4↓1↓2↓3〉の二バージョン作ってみて、どちらが流れているかを比較すれば、すぐ結論が出ます。それを、編集してみる前からえんえん議論してしまうとグループのモラルが低下します。こういうときはディレクターが権限を行使して、作業の進捗をはからなくてはいけません。論争はおおいに結構です。どんどんやればいいでしょう。ただし、番組制作には締め切りがあるのです。際限ない議論というのはいけません。作品のメッセージや編集方針といった根幹に関わる議論ならともかく、カットレベルの議論はさっさと進めましょう。

4―4　構成を決める――編集の本作業

●編集作業の実践3　構成が命

六月も第二週です。編集を始めると、あっという間に時間がたちます。たとえば、AカットとBカットをつなぐとします。Aを収録するのにまず早くて三〇秒、次にBを探してきてつなぐのに三分。Bが気に入らなくて、CとかDとかへ手を伸ばすと五分六分とかかり、所要時間はどんどんふくれあがります。編集はある種の

「順列と組み合わせ」です。考えられる組み合わせを試していると、時間はいくらあってもたりません。編集に夢中になって深夜におよぶということなど珍しくないのです。京都大学の作業室にも明かりが遅くまでともっていました。

編集するということは、構成することにほかなりません。取材を通して、さまざまな素材が手元に集まっています。主要な人物がなにをしたのかという主素材、さらにこれを補強する人物やできごとといった副素材。対照的な存在や資料なども集められました。しかしこれらの素材群は、まだなんの流れや秩序ももっていません。やみくもにつないだり、撮影した順に並べたところで、ほかの人からみれば雑然として、味わうどころか理解すらできないでしょう。たとえエピソードの一つ一つが理解できたとしても全体の流れがみえないと、集中力が途切れ、観客は退屈してしまいます。

そこで構成が必要となるのです。素材を一つの流れ・秩序にもとづいて並べ替えます。全体として統合された物語を作り上げるのです。

古来、すぐれた構成が使われてきました。三段形式、四段形式です。三段形式は〈序論→本論→結論〉というたってシンプル。始まりがあってクライマックスを築いて終わりを迎えるというもの。アリストテレス以来の古典的方法です。第二グループはその三段形式を踏襲して構成してみました。

「発見！　京大のお宝──若島教授の図書館探訪」構成

1　文学部図書館　膨大な蔵書。

2　若島教授登場　「本を書架から取り出す際の指先の感覚を養うべき」。

3　若島教授の快楽　古い英字新聞のチェスのパズルを解いている。
4　寄贈本のコーナー　哲学者西田幾太郎の蔵書。
5　郊外・北白川　川のほとりの道、哲学の道と呼ばれる。西田幾太郎は生前よく散歩した。
6　寄贈本のコーナー　西田の本に書き込みがある。
7　貴重所のコーナー　西田の直筆原稿、公開。
8　若島教授インタビュー　「この書庫を知らないことは、人生の大きな損失だよ」。

1〜3までが序論。4〜7までが本論、そして8が結論というわけです。この第二グループは編集が順調に進んで、まもなく完成するところまできました。

四段形式はおなじみの〈起→承→転→結〉です。起で説き起こし、承で説明し、転で転換させて主題をはっきりさせて山場を作り、結で物語を終える、という漢詩の作法にならうものです。四段形式は起伏に富んで観客の心を奪える力強い形式です。〈起〉では、なぜこの主題を取り上げるのか、この主人公にひかれるのか、作品の動機づけをはっきり打ち出しましょう。〈承〉は〈起〉の説明をフォローするものですが、〈転〉へ向けての前ぶれや伏線をはることも大切です。そうすることで、〈転〉でクライマックスを築くことができるのです。

山場がないと物語はおもしろくありません。このクライマックスは作品全体の四分の三あたりの位置に設定します。早すぎても遅すぎてもいけません。期待・関心をひっぱり、さきのばしにしてクライマックスポイントまでつなぎ、一気に緊張を開放します。そこからラストの〈結〉はすばやくまとめます。物語のメッセージや結論はここで語るのが望ましいでしょう。

学生の声 《ストーリーの山場を作るのにすごく苦労しました》

●構成と物語

構成とは話の構造を作ることです。あるテーマがあってそれに関連する事実を単に並べて話しても、たんに事実の羅列にすぎず、話を聞く方も容易に理解できません。そこで物語るのです。人は物語が好きです。神話でも小説でも実話でも物語の形式を用います。物語はできごとを自分が把握するのに都合よく、かつ他者にも物語にすると説明しやすいのです。

大雑把にいって、物語とは〈始め〉が展開して〈山場＝クライマックス〉もしくは〈崩壊＝アンチクライマックス〉にいたり〈終わり〉がある、という構造をもつものです。この始めとか山場とか終わりとかいう部分を〈プロット〉といって、物語を形作る骨組みとなります。

番組の構成にもどって考えてみましょう。企画をたてたとき、なにをいうかという主題を決めました。同時にそれを実現する話題や人物などの素材を大雑把につかんだはずです。そして企画が採用されると、素材は再び取材・撮影されて詳しく調べられます。すると、素材の中にも主役、脇役、その他といった役割の差が出てくるのがわかります。この素材群を一つの流れに沿って並べてやるのが構成なのです。その一つの流れにするための手法が〈物語〉です。

ところで参考までに、物語でない記述というものはどういうものがあるかを考えておきます。年代記、料理の説明書、電器製品の取扱説明書のようなものは物語ではありません。年代記は事件や事柄を時間順に記述したもので、そこには特定のできごとの顛末がわかるようには書かれてはいません。説明書のたぐいは道具や手法を理解させますが、できごとを伝えることはありません。

物語とはなにか、という問いにかなり大胆に答えてみます。それはあるできごとを伝える方法です。文学理論としては、アリストテレスがギリシャ悲劇を例にとってこんなふうに説明しています。「いい物語とはプロットが重要で、始まりと中間と終わりを備え、均整のとれた全体を形成して、それ以外の異物は含まない」。人は、物語という骨格を通して、不定形で価値が定まらずそのままでは表せないできごとを認識し他者に伝えるのです。物語によって、もやもやした世界は再整理されリズムがつけられます。それは人間にとって気持ちのいいものです。だから人間は物語を欲するのです。

さて、物語がつくりあげられるときには、語り手によって選択・解釈がおこなわれています。言語学者のジャン＝ミシェル・アダンは、物語とはある事件について表象することであり、「あらゆる表象は、すでに一つの解釈である」と『物語論――プロップからエーコまで』（文庫クセジュ、二〇〇四年）で語っています。事件は語り手の知覚によってまとめられる、そしてそのまとまりに欠けた部分があれば、すぐその語り手によって「空白は埋められる」ことになり、事件はみずからが語っているかのように作られていくのです。つまり物語は生まれるその時点から、語り手による操作が入りこまざるをえないのです。

さて、番組制作の視点にもどると、取材して得た事柄を物語として再構築するとき、欠落した部分も作り手の解釈によって補われて、一つの全体が作り上げられます。つまり筋が通されるのです。始まりと中間と終わりという流れにそって、主人公が演じた行動、できごとを、他者に伝える表現形式が物語といえるのではないでしょうか。

編集という作業を通して、この物語の恣意性に多くの学生がとまどいを感じたようです。ドキュメンタリーとはあるがままを撮って並べたものだと考えていた学生は、表現には作り手の主観が濃く反映されると知って驚いたようです。

学生の声《映像をつぎはぎすることで事実とは違うがフィクションでもない、新しい「本当のこと」ができるのだと思った》《ナレーションに「語らせる」とはそこに作り手の主観が入り込むということであり、ヤラセぎりぎりまで作りこむことができてしまうということだろう。この作り手の主観性・恣意性は、一度自分で番組を作ってみないとわからないことだと思った》

4―5　磨きをかける――編集の後期作業

●「ペタペタ」の活用

また一週間が過ぎ、六月第三週に入りました。編集にいっそう磨きをかけていきます。

映像編集の現場で、構成を検討するのに便利なものがあります。取材構成時にも利用した「ペタペタ」です。ポストイットという名称で市販されている付箋紙のことで、手のひら大の長方形のサイズのもの。裏にのりがついていて何度も貼ったりはがしたりできます。

ペタペタの手法はKJ法の応用です。KJ法とは発想術の一種で京都大学の教授であった川喜多二郎が発明しました。ある考えをまとめたりする際に、カードに書き出して操作するという方法です。思考が錯綜したとします。そこで、その考えの中からキーワードを取り出し、一枚のカードにつき一つのワードを書きこみます。

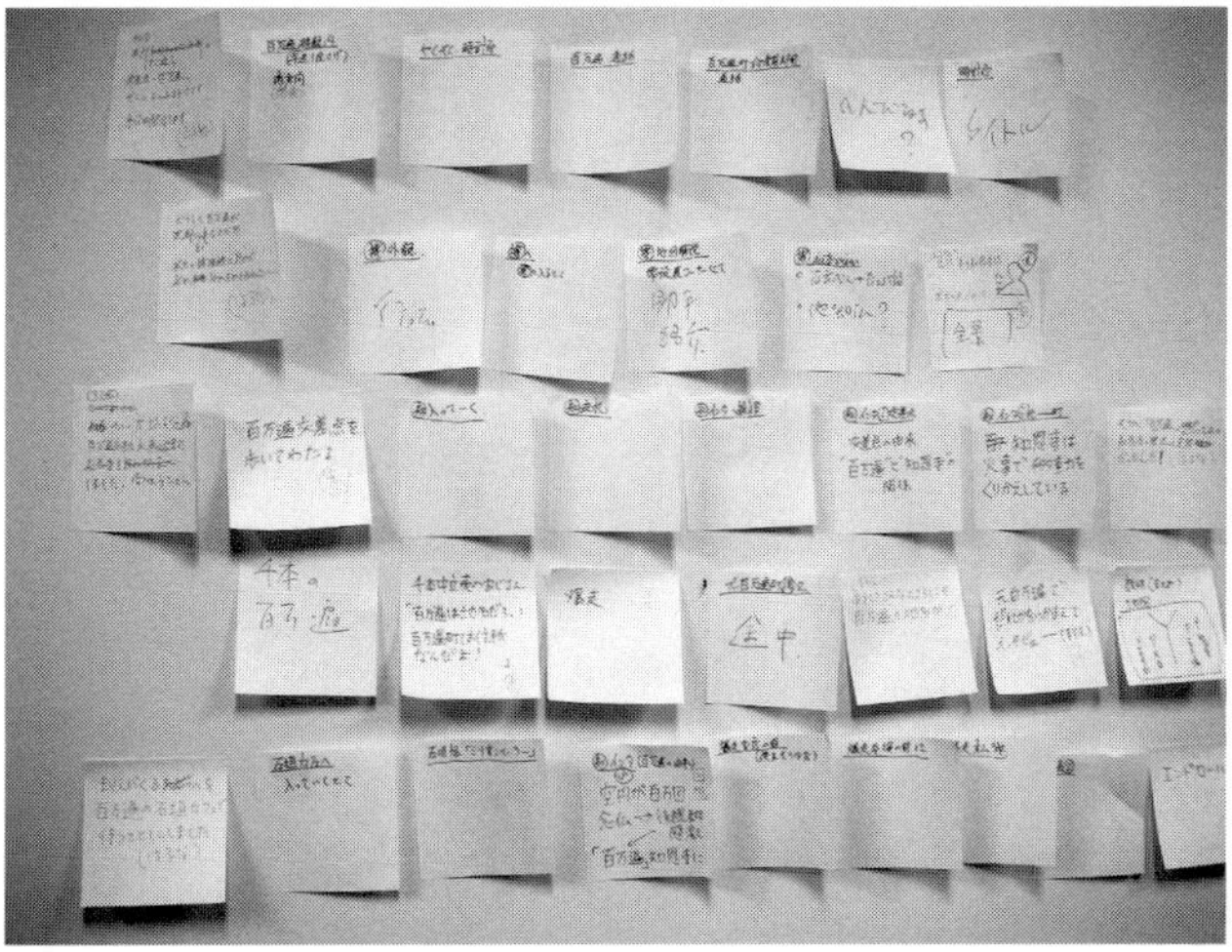

図 4-3 「ペタペタ」を並べて構成を考える

そうやって思考をカードに書き出していきます。数枚から数十枚のカードができあがったところで、次にカード同士の組み合わせを作っていきます。似たもの同士、反対同士、一匹狼、といった具合です。そうやって分類されたものを、再びまとめあげると、新しいアイディアや更新された考えが生み出されるという手法です。つまり、「個人の頭の中ですすめられていた意識内のプロセスを意識の外に出して、一種の物理的操作に変えてしまう」（立花隆）のです。

このKJ法は、一人で熟考する際には時間がかかりすぎて不向きだが、集団的作業には向いているとも立花隆は語っています。映像制作は集団作業ですから、KJ法はうってつけの手法です。編集してAカットの後ろにBカットをつなぐかCカットをつなぐかと迷った場合、個人の頭のなかで想像しているだけではグループ全員とイメージが共有できません。それでペタペタに書き出して実際に並べてみると、イメージが共有できます。さらに映像の場合、シナリオライターが用いる〈箱書き〉もとりいれます。箱書きとは「シナリオ構成のプランをシークエンスごとに区画して、それをたとえば箱にでも入れるように四角く囲んで、その箱をいくつか積み重ねながら、全体の運びや調子を予定していく方法」（野田高梧）です。

さっそく、ペタペタを使って編集してみます。まず粗編集した作品の内容をこのカードにおきかえて表してみます。一シーンを一枚のカードで書き表すのです。そのシーンを示しキーワードで短く表します。たとえば、「書庫の内部」とか「チェスのパズルを解く」といった具合です。

これらをシーンの順番どおりに並べて貼ります。ペタペタは、左上から下へ順に貼り、一つの話が終わったら改行して次の列に移るようにしていくとよいでしょう。こうして五分サイズであれば一〇〜一五枚ほどのペタペタが並びます。

次に、これらのカードを穴が開くほどみつめます。いや一枚一枚をみるというよりカードとカードのつながり、流れを調べます。つながりはスムーズか、前後の組み合わせはなじんでいるか。もし違和感を覚えたりおもしろくないと思えば、躊躇なく入れかえます。これを繰り返して違和感がなくなるまで組み合わせを模索します。カードはすばやく動かします。大まかな筋を想定して直感でおこなうこと。じっくり考えこまないことがコツです。全体的に話が流れたと思ったらカードの操作をストップし、これを構成表に表します。これで構成表が更新され、次の編集に進んでいく手がかりができました。

難航していた第三グループ「折田先生七変化」は、アシスタントのKさんの指示で編集マンを固定しました。その人物にはオペレーターに徹しなさいと命じたのです。そしてペタペタの大胆な並べ替えをしたところ、話に流れが出てきてやっとめどがつきました。六月のコースの最終日になっていました。

●インタビューの文字起こし

ラッシュの中で重要な位置を占めるのはインタビューであることはいうまでもありません。授業でも、実際に撮影したものの三分の一はインタビューでした。少なく見積もっても各グループ七〇分はあるでしょう。このなかから番組に使う箇所を選択しなくてはいけません。五分から最大でも七分の番組を目指すわけですから、インタビュー部分は二〜三分程度にとどめたいものです。となれば、三〇分の一に縮小しなくてはいけません。

どこを捨ててどこを利用するかを判断する手がかりとして、ラッシュノートにメモした内容をみて決めるという方法があります。しかし、ラッシュノートにはあくまで要約メモしか書かれていません。要約をあてにして、いざその箇所を取り出してみると、言葉づかいや表現だけでなく内容もすっかり違うということがよくあります。メモする段階で内容を都合よくまとめているのです。メモがたとえ総論で合っていたとしても各論のニュアンスは異なるというケースもでてきます。

そこで、インタビューを一言一句すべて文字に書き出すことをすすめます。けっして意味的要約をしないことです。本題と離れていたり、ジョークをいったりしたことも残らず書き出します。このようにして作ったノートをみながら編集をします。すると離れていた場所にあった二つの話題が同じテーマを語っていたことに気がつきます。話の切れ目や終わりがみつけやすくなるでしょう。話をまとめて閉じたいのに途中で切れてしまうというようなことも避けられます。文字起こしはインタビューを切り出すのに最短の方法です。

学生の声　《インタビュー映像のつぎはぎ作業には、本来のインタビューを要約するだけではなく、番組としてあって欲しい方向に方向づけるという恣意がある。ドキュメンタリーを事実として安易に納得することの怖さを感じ

た》

●資料映像の威力

番組の主人公は、必ずしも生きている人とはかぎりません。死者を取り上げることはけっして少なくないのです。私自身の作品ではおそらく死者のケースのほうが多いでしょう。死者は評価が定まっていたり、業績が明らかだったりするので、番組にしやすいという点があるのです。でも、さきに述べたとおり、映像は文字と違って現在形のメディアです。カメラの前でくりひろげられる行為や事象をとりこんで表現するのが基本です。では、不在をどうやって映像化すればよいでしょうか。

津田恒美という亡くなった名投手がいます。山口県新南陽市出身。協和発酵から一九八二年広島カープに入団し、直球勝負の投手として活躍。現役時代はセーブ王として名をあげ「炎のストッパー」と言われました。しかし一九九〇年に突如引退してファンの前から姿を消しました。実は、彼は脳腫瘍のため三二歳の若さで亡くなっていたのです。亡くなって二年後に、私はこの人を描くことになりました。

すでに亡くなった人の人生をどう描くかという大きな課題があらわれました。関係者の証言だけではつぎはぎのインタビュー構成にしかなりません。彼の闘病の詳細をどう表現しようか、その記録が残っていないか、懸命にリサーチしました。

幸運にも晃代夫人が日記をつけていたことが判明しました。大学ノートにびっしりと書かれた日記には、津田の病態、投薬、治療、そして津田の発言まで記してあるのです。これを土台にすれば津田投手の闘病ドキュメントが浮かびあがる、そう私は確信しました。といって、ノートの文字をそのまま写して番組ができるわけ

図 4-4　放送局には膨大な資料映像が保管されている

ではありません。それでは画になりません。書かれた内容が視聴者の目にあざやかに映し出されなくては、テレビ的には不親切な映像ということになります。

そこで一つの手としてイメージカットを用いることにしました。記述内容を映像にするのです。その映像は事実でなくイメージです。記述内容を補強し情感を付加させるものとしてイメージを並べるのです。でも事実を捏造するわけではありません。ノートの記述は事実ですから。これについては、第三章でも詳しく述べてあります。

そして、もう一つ威力を発揮したのが資料映像でした。主人公はプロ野球選手ですから、公式リーグの映像はふんだんに残っています。闘病記録そのものでなくとも、彼の姿が記録されていれば、インタビューの証言とあわせれば十分意味をもったのです。過去の映像でしたが、番組の中に導入されると故人がいきいきと動きだし、大きな感動を生み出したのです。

この手法は個人のビデオ制作の場ではあまり使われることがないでしょう。資料映像を探し出すのが難しいことと、著作権使用料という経費が発生するからです。そういう問題があるにしても、映像表現では資料映像は思わぬ大きな力を発揮することを覚えておいてください。

●オープニングを作る――アヴァン・タイトル

〈アヴァン・タイトル〉とは映像演出の一つで、魅力的なオープニング作りの手法です。タイトル映像が冒頭に表示されてから物語が始まるのでなく、一つのエピソードや話題が描かれた後にタイトルが出ることをいいます。フランス語で「タイトルの前に」という意味で、本題に入るまでに一発観客の関心を引こうという策略です。ドラマであれば、一芝居あった後にタイトルが示されるやり口です。漫才でいえば〈つかみ〉です。いまからおもしろいことが始まるぞと、ざわついている客を自分の方に向けさせる演出です。大声をあげたり大げさに表現したりして客の関心をひきますから、少々品のないテクニックといえるかもしれません。

具体的な例をみてみましょう。〈タイトル↓昔、昔あるところに王様がいました……〉とゆっくり話が説き起こされると、観客は退屈してチャンネルを変えるかもしれません。その変える手を止めるために、物語の最初からではなく一番おもしろいハイライトを番組の冒頭にもってきて、この後こんなおもしろい話がありますよと期待させるのです。〈王が息子の手によって殺された↓タイトル↓昔、昔あるところに王様がいました……〉とこういう具合。ショーウインドーのような効果を狙うのです。お代はみてのお帰りと、まずは関心を向けさせ、ひっぱりこむのです。

テレビは映画と違って、瞬間瞬間に観客の関心を引きつけることに膨大なエネルギーをさきます。映画や芝居は料金を払ってわざわざみますが、テレビは（ＮＨＫ以外は）直接料金を徴収しないので、観客はいつでもチャンネルを変えられるわがままな王様としてそこにいます。テレビの制作者からすれば、みられてなんぼの厳しい闘いの場です。この闘いの最たるものが視聴率競争です。そのためこのアヴァン・タイトルという手法はテレビで発達し、近年では映画でもさかんに使われるようになりました。

アヴァン・タイトルは単なる見世物効果だけではありません。もう一つ、視聴時の理解を促進する効果もあります。本題にさきがけてエピソードの一端を説明したり物語の概要を暗示したりすることで、理解にあたって必要な情報をあらかじめ示すこともできるのです。いずれにしてもアヴァン・タイトルで、番組の魅力的な顔を作りあげることができます。

●番組を尺におさめる

番組の時間を表すのに尺という言葉を用いることは前にもいいました。編集の際、粗編集が終わって見直しをはかるとき、尺におさめるためには二つの方法があります。一つは〈チョコチョコ切り〉といって各カットを少しずつ切り落として短くする方法。話全体の骨格は変えません。もう一つは〈大幅カット〉で、話の素材（たいていはシーン）のどれか一つを丸ごと落とすやりかたで、話の内容が変化することもあります。英文学者の柴田元幸は、文章表現において同様の問題が発生することを書いています。

翻訳などをしていて、プリントアウトに赤を入れながら文章を推敲しているとき、ある段落の最終行の字が、行のほぼ一番下まで来ていたり、逆に一番上に一字か二字だけあって終わっている場合（要するに、少しの訂正で行数が変化する可能性が大きい場合）、赤で直しを入れたときに行数が変わるか変わらないか、つい数えてしまう

のである。(柴田元幸「数えずにはいられない」『猿を探しに』新書館、二〇〇〇年)

そして、編集者から「行数を変えてくれ」などと言われようものなら、ひそかに狂喜してしまうのだと柴田は告白しています。

たとえば最後のページで一行目にぽつんと何文字かだけあって後は真っ白などという場合に、どっかで一行減らしてくれ、と要請されたりするわけだが、何十枚もある中で一行削るなんてお茶の子さいさい、いくつか可能性を考え出して、ううどれにしようかなと嬉々としている自分に気づくと、さすがに恥ずかしい。(同書)

思わずニヤリとしてしまいます。私の同類がいました。柴田はこの作業を「行数変化」と呼んでいますが、これは映像の世界のチョコチョコ切りにあたるでしょう。柴田はずいぶん楽しそうですが、映像の場合はそうはいきません。呻吟の果てに尺におさめなくてはならないのです。しかもチョコチョコ切りでなく大幅カットとなれば苦難はさらに大きくなっていきます。

大幅カットの映像の実例を示します。「課外授業・ようこそ先輩」で絵本作家・葉祥明を主人公にしたときです。葉は故郷熊本にもどって母校・城東小学校の六年一組の生徒に授業をしました。題して「絵本の秘密」。番組の話の素材は八つありました。

一日目

1　授業——絵本とは何か

2　野外授業——自然を感じること

3　絵本の話を考え文章にする
4　文章を絵コンテにする
5　宿題——コンテを元に本絵を描く

二日目

6　完成した絵本の朗読練習
7　絵本発表
8　後評して授業のまとめ

取材プランを立てたときも少し素材が多いかなと思ってはいましたが、一応実行することになりました。というのは、実際に取材が始まると、不測の事態が発生して素材が減ることもよくあるのです。ですが、この番組の場合、取材は順調に進み、二〇分テープにして一〇〇本、およそ二〇〇〇分の素材が集まりました。これを三四分の番組にまとめなくてはなりません。

第一回の粗編集をかけて六〇分サイズにまで縮めましたが、試写を見て頭を抱えました。どうみても構成する要素が多いのです。要素をまんべんなく削っていっても、四〇分より短くなりません。

そこで、構成要素1～8のうちいくつかを大胆にカットすることにしました。要素を少なくして、残った要素をそれなりの長さできちんと描くことを選択したのです。まず「6　完成した絵本の朗読練習」をドカンと全部落とし、「3　絵本の話を考え文章にする」を大幅に縮小したのです。残りはチョコチョコ切りをして、番組の尺にあわせていったのです。この作業を〈尺詰め〉ともいいます。

●カットとディゾルブ

〈カットつなぎ〉と〈ディゾルブつなぎ〉。これは画像のつなぎかたを示す用語です。カットつなぎとは画像と画像を直接つなぐ方法で、たいていの映像表現ではこれが使われています。ディゾルブつなぎとは、先行する画像が次第に消えていくにしたがって、それと重なるようにして次の画像が浮かびあがるようにつなぐ方法で、ディゾルブというかわりに〈オーバーラップ〉といわれることもあります。

このつなぎかたの違いを習得しておくと表現に幅が出ます。カットつなぎは論理的にみえ、物事をきちんと紹介したり説明したりするにはうってつけです。ディゾルブつなぎが登場するのは、次のような特殊な状況の場合です。

1　場面を転換するとき。

2　時間の経過を表すとき。

3　回想を表すとき。

しかし、このディゾルブつなぎの多用は禁物で、ムード的というか情緒過多におちいりやすい欠点があります。音楽の番組にはディゾルブつなぎがよく使われますが、多用されると通俗的になりかねません。悲恋や嘆きの歌などには悪くはないのかもしれませんが、ともすれば大げさで臭くなるのです。観客が「ひく」ことになります。だから、ここぞというところでしか使うべきではないのです。

映画の初期には、フィルムでディゾルブつなぎをしようとすると大変でした。フィルムカメラのなかにおさめたままで送ったりまき戻したり、現像する際にフィルムを化学処理するなど手間がかかったのです。いまではパソコン画面でも簡単にできるようになっています。

ほかにパソコン編集の時代になってよく使われるようになったテクニックの一つに〈ワイプ処理〉がありま す。これはディゾルブの変形です。先行画面Aが溶暗（溶けて見えなくなっていく）していくと、後続画面Bが溶明（だんだん浮かび上がる）するのがディゾルブですが、画面Aに画面Bが侵入（ワイプ）するのは溶けていくパターンのみにかぎりません。ページをめくるようなものから窓を開くようなものまでさまざまな形態のワイプ機能があります。この機能を使うと場面と場面の転換や、主画面と副画面の従属関係など、映像同士の接続詞的表現が容易になり、観客は作品を理解しやすくなるのです。

だが、この機能に頼って映像構成すると、落ち着きのない下品な作品になりやすいことにはくれぐれも留意してください。

●最終試写・コメントを打つ

何回も何回も編集を繰り返して、ようやく各グループに編集のゴールがみえてきました。予定の時間にぴったりはまった長さで、カットがつながったのです。ベースになる画が〈アタマ〉から〈ケツ〉まで順に一本になり、インサートする画もしっかり加えられています。

編集を始めてから、編1、編2、……といくつかの編集バージョンを作って更新してきましたが、今回のバージョンが最後になるはずのものです。試写も最終です。〈最終試写〉には、プロデューサーが立ち会います。番組全体に責任をとり、かつ他者の目をもつ人物です。このプロデューサーが最後に見てOKを出せば編集は終わるのです。

最終試写では、制作担当者が自分で映像の説明や制作者のねらいを声に出して読みながらみせます。この説明を〈コメント〉といいます。授業では、各グループのディレクターがコメントしながらプロデューサーである私に番組をみせました。余談になりますが、このコメントはアドリブでいってはいけません。編集作業をやりぬく過程で、映像を補強したり説明したりする言葉が生まれてきたはずです。それをメモしておいて、きちんとした文章のコメントに作りあげるのです。

さて、作品を一通り見せた後、他者（この場合、プロデューサー）に批評や印象を聞きましょう。繰り返しますが編集したものがひとりよがりにならないためには、他者にみてもらうのが最良の方法です。そのときに言い訳や説明をせず、ひとまず注意深く耳を傾け、ノートをとります。そして、プロデューサーが「良かった」と評価したり「理解できた」と言ってくれたりしたら、編集はそこで終わります。

第一グループ「オリンピックオーク」では、おもしろい手法に挑戦しました。このグループの素材は、「木の説明」、「ベルリンオリンピック」、「故田島直人選手」、「現役の選手」、「OBの談話」といろいろあるため、話が広がって編集がうまくいきませんでした。そこで色々なエピソードをオリンピックオーク自身がみてきたという設定にしてみました。すると話がうまくつながり、構成ができました。擬人法です。ナレーションはこんなスタイルになっていく予定とのことです。「私の名前はオリンピックオーク。私がここに来て、もうかれこれ七〇年になるなあ。その間、ずっと学生たちを私は見守ってきたんだ……」。

このように、物語の語り方をみつけることで、構成を成立させられることもあるのです。物語のあらすじが浮き彫りになってくると、その筋を強調したりよく流れたりするように、コメントを映像のしかるべきポイントに加えてやります。すると意味・意図が際立ってきます。ポイントにコメントを配置することを、〈コメントを打つ〉といいます。

繰り返しますが、コメントは編集によって一本の作品になったところで、改めてまとめて書かれるのではありません。編集過程において、映像の意味をはっきりさせるために自分たちでいろいろな説明を加えてきたはずです。そのとき使った言葉を土台にして、耳で聞いてわかる文章にしてナレーション用のコメントを作りあげるのです。

こうして最終試写までできた番組は、一つの流れをもつ生き物になりました。後は、仕上げというメイクを施せば完成です。

4―6　仕上げ

●最後のプロセス、仕上げ

ついに、六月第四週になりました。最終編集・最終試写を経てでき上がったテープには、まだナレーションや音楽・効果音、字幕がついていません。これをクリーンピクチャーと呼んでいます。そして完成品にするには、〈仕上げ〉という最後のプロセスが必要となります。

仕上げには、ナレーションを入れること、音響効果をつけること、そしてテロップと呼ばれる字幕を画面に加えること、という三つの作業があります。プロの場合、仕上げ作業はおよそ一週間で終えます。授業では一回分をあてています。

●プロのMA作業

ここでプロのやり口に少し注目してみます。ナレーションや音響効果を録音するのは、MA（multi audio）ルームというダビング室で行います。四五分サイズの番組ですと、二日間のべ二〇時間の作業になります。ここでは音響効果マンというスタッフが中心になって作業がおこなわれます。この人物は音響のデザイナーです。番組に流れる音楽、効果音、ナレーションの形や配置をデザインし、番組における音のハーモニーを作りあげるのです。

ダビングの一日目は、〈整音〉から始まります。一つの番組は二〇〇あまりのカットがつながってできあがっていますが、一カット一カットの音のレベル（音量）はバラバラです。それを全体にならしていきます。これが整音という作業です。

二日目は、〈ナレーション入れ〉です。語り手であるアナウンサーもしくは俳優が、作業に加わります。四五分番組のナレーションを録音するのに四、五時間かかります。むろん、本番当日までにナレーション原稿（コメント）はできあがっていて語り手に渡り、あらかじめ読みの練習をしてきているということが前提です。それでも実際にナレーションをあてて（読んで）みると、映像とコメントがマッチしていないことが往々にして起こるもので、その場で訂正作業が行われます。コメントそのものを変えたり、コメントを読む位置をずらしたり、コメントそのものをなくしてしまったりして、番組の流れにふさわしいナレーションに仕上げていきます。

●ナレーションとは

ナレーションのことを〈語り〉とも呼びます。まさに物語を語っていくのです。これは、作り手から受け手への、説明であり描写でありメッセージでもあります。物語の方向性を示すこともあります。ドラマは作り物ですから、台詞の中にさまざまな情報や説明を作り手の作為としてしのばせることができます。しかしノンフィクションではそうはいかないので、ナレーションを使うわけです。

ナレーションとは、番組に命を吹き込む作業です。書かれたコメントを単に読み上げればいいわけではありません。きわめて神経を使う作業だといえます。

まず最初に、番組を一度全編通して流しながらナレーションをあてて、リハーサルをします。ナレーターには「本番ではないのでさらりと読んでください」とお願いします。ナレーションが映像からはみ出たり、意味が合ってなかったりしても、途中でストップせずに最後までやってみます。一通り読み終わってからやおら全員で、うまくいかない部分のコメント直しを始めます。なかなか適切な表現をみつけだすことができず、あっという間に時間が過ぎるものです。そして本番です。本番は全体をシーンごとにわけて録音します。一つのコメントごとに録っていると、ナレーションの情感が切れてしまうので、シーンというある程度の流れのかたまり単位で録ります。するとナレーターの声にも一段と艶が出てくるものです。

テレビの世界では、専門家のナレーターが担当します。ナレーターには二系統あって、アナウンサー系と俳優系です。アナウンサーは読みのプロですから情報を正確に伝えることが得意、かたや俳優は感情をこめて朗読することや主観的なコメントを表現することがたくみです。報道・情報番組には前者が、歴史・紀行番組や人物伝には後者が適しています。

私個人の趣味でいえば、前者では長谷川勝彦、国井雅比古、広瀬修子。後者では役所広司、戸田恵子。中間に位置するのが加賀美幸子、川平慈英といった面々。少し下の世代では、山田孝之、柴田祐規子という人々にも注目しています。

学生の声《ナレーターは文字どおり語り部であり、物語の主宰者である。ナレーションによって受け手は物語に招き入れられる。それゆえナレーションは作り手にとってもっとも便利なツールである》

●コメント台本

ナレーションのために台本を作ります。コメント台本といいます。これで使う原稿用紙は普通の原稿用紙と違って、上半分は空白で一カットごとの映像を記します。下半分には一五字×二〇行、三〇〇字分のマス目があります。この原稿用紙は一枚あたり一分の分量の音声がおさめられるようになっています。つまり三秒で一五文字朗読するというスピードです。たとえば九秒のカットの場合、マス目は三行で四五文字分。現代では読みはもう少し速くなっているかもしれません。

この原稿用紙に記した台本を使えば、コメントがカットをこえてこぼれるということはなくなります。ナレーションがカットをまたぐことは避けてください。語ってもまだ時間的に音の余白があるぐらいが望ましいのです。一つの文章で、一つのことだけをいいます。欲ばってはいけません。

また、画がじゅうぶん語っているのにナレーションでさらに説明するのはやめましょう。コメントが多すぎると、〈べたコメ〉といって作品がうるさく思われます。

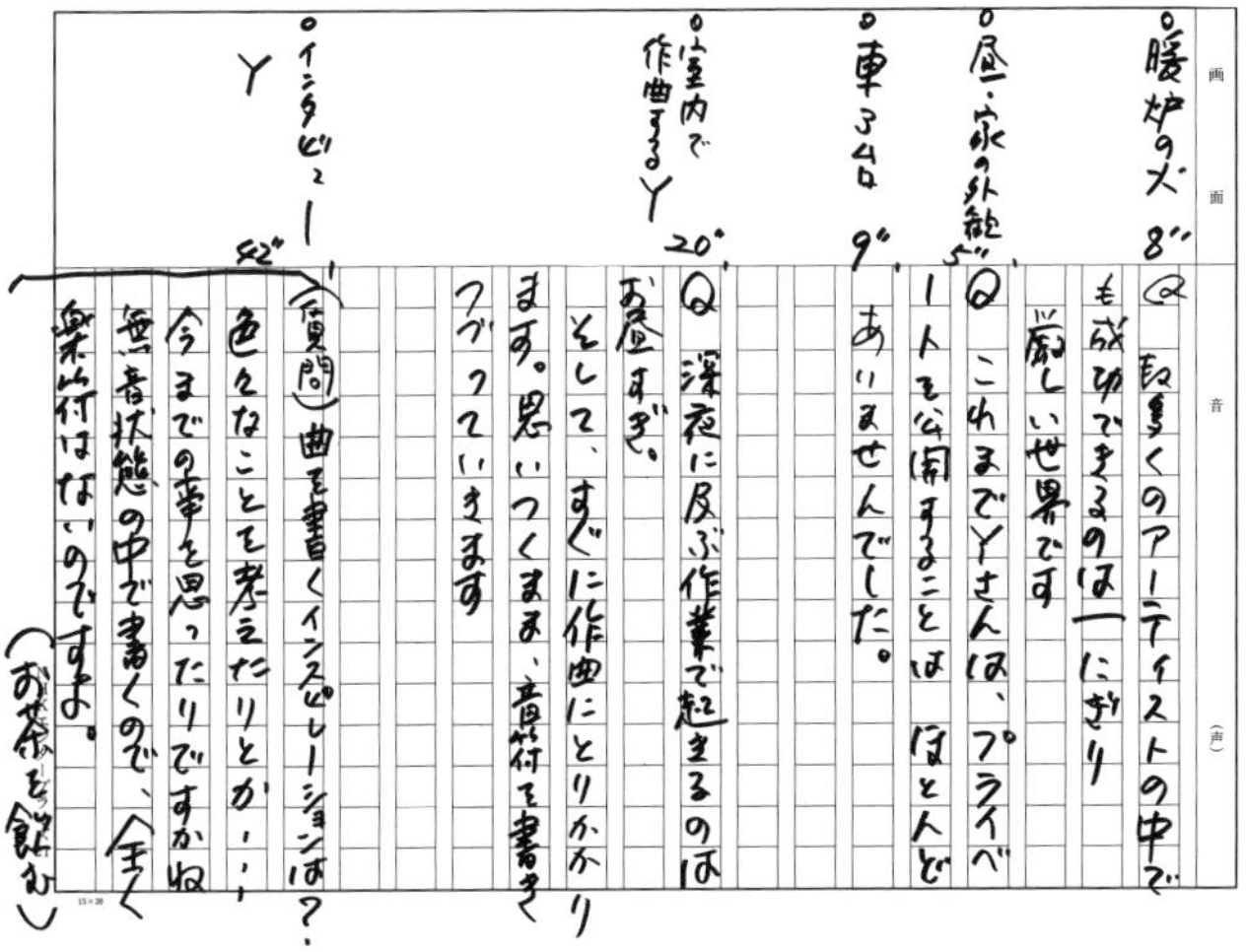

図 4-5　コメント台本。上部に画面、下部に音声を記入する

ナレーションは音声です。コメントも音声言語として工夫されねばなりません。作家の阿川弘之は、「だった、だった、だった」と続くと安機関銃を聞かされているようで不愉快になると書いています。文末であれば現在形・過去形にふりわけたり、助動詞は終止形だけでなく未然形・連体形・連用形などもうまく使いわけたりして変化をもたせましょう。さらに、耳で聞いてすぐわかる文章にします。たとえば、「約百人」は「おおよそ百人」に言い換えるという具合です。できるだけ短くわかりやすく、一度で理解できるものにしておきます。

映像というと視覚中心のように思えますが、実は、音声つまり聴覚も大きな影響力をもっているのです。

学生の声　《テレビには「聴覚」、つまりナレーションや音楽が重要であるということを確認しました。番組の世界に視聴者を入りこませることができるかどうかは、ナレーションやBGMの技量にも左右されるとわかりました》

●やってはいけない胸中コメント

ナレーションでやってはいけないのは〈胸中コメント〉です。登場する人物の心の動きを表すコメントはやってはいけません。たとえば、

その母は目にいっぱい涙を浮かべ「神様、どうかあの子を私の元に帰してください。もし願いがかないましたら何でもいたします」と心の中で祈った。

このカギカッコ内がやってはいけないコメントです。ナレーションの主体は明らかにこの母とは別人格です。どうして他人の心の中をのぞくことができるのでしょう。こういうことは本人がインタビューにこたえて吐露でもしないかぎり、他人に分かるはずがないことです。せいぜいできる表現は次のようなものです。

その母は目にいっぱい涙を浮かべて、はるか遠くをじっと見つめていた。

唐突ですが、ハードボイルド作家といわれたヘミングウェーの表現が参考になるでしょう。たとえば、初期作品「殺し屋」。ここで叙述されているのは殺し屋の行為と会話だけで、殺される男の胸中にはいっさいふれていません。が、心理を間接的に描くことによって、読者にはその人物の胸中が手にとるようにわかるようにしくまれています。いわゆるハードボイルドタッチです。これは、胸中コメントをさけ、うまいコメントを書くのに参考になります。

●音響効果

〈音響効果〉とはサウンドエフェクト（SE）の和訳です。映像に効果音を加えていく作業です。効果音というと、ドアが開く不気味な音や、寄せる波の音、すだく虫の音、蝉しぐれなどを連想するかもしれません。でも音響効果にはもっと大切な役目があります。音を使って映像を分節するのです。映像は、一つのカットだけでなく、カットがつらなって形成されるシークエンスやシーンという単位で理解されるものです。そのため、単位の始めや終わりを観客にわかるように明瞭に表現しないといけません。画像そのもので分節する方法も確かにあります。たとえば、画面が暗転する〈フェイドアウト〉という方法などはそれです。この画面処理は劇映画ではおなじみですが、作りものめいてしまうので、ドキュメンタリーで使用するにはいささか抵抗がありますす。

そこで音響が活躍します。音声を使って映像を区切れば、スムーズかつスマートに分節できます。たとえば次のように画像が並んでいるとします。

1　図書館閲覧室のロングショット
2　図書館の受付
3　掲示板→新刊本案内の記事
4　並んでいる本
5　読書する人

6　本の背表紙のアップ
7　本を書架から取り出す人↓手元

1～5までが一つの話で、6から違う話に変わってゆくとします。その場合、1から5まで音楽を流し、6からは音楽のない実音だけにします。そうすると話に切れ目が生まれます。

裏技ですが、音楽を構成に利用することも有効です。構成では、オープニングやエンディングなどのプロット作りが大切だといいましたが、とくに番組を終わらせるのは難しいものです。そのときは音楽のエンディングを利用する方法があります。音楽にはもともとエンディングがあるので、その音の流れに画面をあわせれば、画としては終わっていないものでも、おのずと終わりをむかえたように感じさせることができるのです。細かいテクニックとしては〈ケツアワセ〉という方法をとります。最終画面と楽曲の最終音をあわせておいて、そこから逆算して場面をさかのぼります。ちょうど画の切れ目などのほどよいところから音楽を小さな音で流しはじめ（フェイド・イン）、次第にボリュームをあげていき、ラストにいたります。

学生の声　《音入れ、ナレーション入れの作業を通して、テレビに音は必須なもの、番組の良し悪しを決定するものだとわかりました。音楽のないテレビ番組は無味乾燥な防犯カメラの映像みたいなものです。映像と音楽のリンクができるテレビでは、（ラジオと比べて）より多義的に効率よく作品への意味づけができるのを理解し、現在のテレビ文化の爆発的発展の根源をみることができたと思います》

●音楽をつける

若い世代の人々の番組作りの特徴は、映像効果と並んで音響効果、音楽にやたら凝ることです。私のようなオールドジェネレーションは、企画・取材・編集と主な作業を進めてきて仕上げの段階にいたると、つい峠をこえたと思って気がゆるみ、音響、とくに音楽の選択などは二の次に考えてしまいます。そのシーンに音楽があったほうがいいかどうかぐらいのことは考えますが、あるとすればどんな音楽がふさわしいか、具体的にはどんな曲か、というところまでにはそれほど情熱がわきません。

ところが、若い世代は違うのです。それまでの過程では半分眠っていたような人物がガバリと起きあがって、音響効果、とりわけ音楽の選択に熱い思いをこめます。そして、ふさわしい楽曲を見つけたときは、構成をなしとげたのと同じくらいの喜びようです。授業でも、ツボにはまる選曲は他のメンバーから賞賛を受け、当人もいたくうれしそうでした。

ただし、映像は本来、実音だけであって音楽など入っていないことはいうまでもないし、そこに音楽を付加するという行為は、明らかに作為であることには注意しましょう。

学生の声《ドキュメンタリーの虚と実といったことを考えるなら、本来まったくありえないものである音楽を付け加えるという作業は、ドキュメンタリー番組でも最も虚の部分、人為的な要素の強い部分ではないかと思います。もちろん人為的だからといってまったくの嘘ではないし、映像の伝達効果を増すために映像以外の部分を加工するのは許容されると考えられます。それでも、いざ映像のリアリティを増すための音楽を選ぼうという実践的な段階では、明確な基準がないため迷いました》

●選曲のノウハウ

選曲に明確な基準はあるわけではありませんが、おおよその私の見当をかかげます。

まず歌のついている曲にするかどうかです。映像のメッセージを具現しているような歌詞のものがあればいいでしょうが、〈ありモノ〉には都合のいいものはなかなかありません。となると、ある程度似かよったイメージの歌詞であったとしても、そこで使われる言葉と映像本来のメッセージとのズレは理解をじゃまするわけです。だから、できるだけ歌のない曲でゆくべきでしょう。

次にどんな曲がいいか。音楽は情緒的ですから映像に思った以上の影響を与えます。したがって、あまりによく知られた曲は、その曲のもともとのイメージが映像にまさってしまうため避けたほうがいいでしょう。また、悲しい場面だから悲しい、楽しい場面だから楽しい、といったあまりに映像につきすぎている曲というのは、観客からすると浅い感じがするものです。いったん映像とあわせてみて確かめるといいでしょう。

そして、音楽をのべつまくなしでつけるのはやめたほうがいいでしょう。番組がベタベタと甘い印象になります。

最後に、注意しておかなくてはならないのは、次にのべるようにたいていの音源には著作権があって、使用する場合には対価が必要になることです。

●著作権

番組を制作するにあたり、古い映画やテレビニュースの映像を使ったり、有名な絵や写真を貼りつけたり、音楽を流したりすることがあります。その場合、著作権のことをしっかり念頭におかなくてはいけません。他人の著作物を使用する場合には、著作権者の許可をとったり著作権料を支払ったりすることが必要になるのです。

古い映画のワンシーンなどは、ＤＶＤなどから簡単にコピーして自分の作品のなかに導入することができ、しかも画像は劣化しません。でも、できるからといってやっていいわけではないのです。オリジナルの映像を作った個人・団体に対して一定の対価を支払って使うことがルールになっています。その手続きをふまないと、番組は海賊版と同じあつかいになって、公開することができません。

対価はたいてい使用した尺に合わせて料金を支払います。日本映画の場合、映画会社、監督、脚本家それぞれに払うことになっています。料金はそれぞれ個別の交渉です。テレビ番組であれば基本的にはテレビ局と交渉することになりますが、制作会社が著作権をもっている場合もあります。

他人の作った映像を使用するケースというのはそれほど多くないかもしれませんが、一応ルールは覚えておきましょう。もし使うことがあればきちんと著作権者に連絡をとって誠実に交渉していけばそれほど難しくないと思います。

音楽については、使用する機会が多いので注意する必要があります。しっかり著作権処理をやっておかないと、トラブルの原因になりかねません。番組の仕上げ作業のときに、市販のＣＤやＤＶＤから音源を使うことが出てくるでしょう。この場合はアーティストやレコード会社に使った分の著作権料を支払わなくてはいけません。たとえば、個人制作の番組をＤＶＤにして一万枚コピーしたとしたら、レコード会社・原盤制作者・実演家に支払う使用料はおおまかに見積もって五万円ほどになります。たとえ一本のＤＶＤであってもそれなりの料金を請求されるということを覚えておいてください。たとえばビートルズなど、とくに外国の著名なアーティストの場合は巨額の対価を支払う義務が生じますから要注意です。

著作権を侵害しない作品(たとえばドビュッシーやグリーグなど作曲者が死んで五〇年以上経っている作品)を使うとしたらどうなるでしょうか。その場合も演奏家への支払いは必要となります。つまり、自分で作曲し演奏する以外は著作権料を支払う義務が発生する。そのことをしっかり覚えておいてください。

●テロップ——字幕処理

画像の上から文字や図形を乗せる処理を〈テロップ〈telop〉〉といいます。television opaque projector の略で、テレビカメラを通さず写真・文字・絵画などを送信できるシステムです。映画でいえば、スーパーインポーズ字幕のことです。画面の都合で縦書きにすることもありますが、テロップは画面下に横書きで乗せるようにします。書体〈フォント〉は読みやすい角ゴチック系を選びます。ただし番組のタイトルはどんな書体でもけっこうです。

テロップは、地名・人物名などの基本情報を伝えるだけでなく、由来や背景を説明することもできます。たとえば人物名の場合、肩書きを名前より小さめの大きさにして付加することもあります。肩書きをつけることにより発言者の立場が明確になり観客の理解度が高まります。細かいことですが、その場合、名前をさんづけにするかどうかには原則はありません。ただ、一つの番組内でその都度つけたりつけなかったりするのでなく、一定の方針にもとづいて統一してください。死者は原則的に呼び捨てでかまいません。年号を表す場合も西暦か元号か併記するのかどれかに統一しましょう。

外国人のインタビューの場合にも、吹き替えにかわってテロップが使われることがあります。吹き替えだと原音が聞こえないのでリアリティが薄れます。それに比べてテロップは信頼感をえやすいという利点があります。そのときテロップは人物の唇に重ならないようにしてください。またテロップが画面上に出ている時間は短すぎても長すぎてもいけません。テロップに書かれた内容を（声に出して）二回読み上げることができるくらいの時間を目安にしてください。

日本語の文字は、漢字、ひらがな、カタカナと変化があること、表意文字である漢字は視覚的にも訴える力が強いことなどからテロップにはうってつけです。逆に欧米の番組に比べて、テロップが多すぎるという批判もないことはありません。インタビューなどの内容がいちいちテロップで表示されるのです。おそらく発言のその部分を強調しておきたいという制作者の意図でしょうが、慎重にしないとおしつけがましくなります。それどころか事実を制作者にとって都合よく加工することにもなりかねません。

授業の中で、「折田先生像」の第三グループは、このテロップ処理にずいぶんこだわりました。他のグループがゴチック体のフォントを使うので、あえて漫画チックな大きめのフォントを選びました。しかも説明的な「京都大学キャンパス」という表現だけでなく、接続詞としても堂々と「そして」「しかし」のように活用しています。取材の時間がたりなくて撮れなかった映像のかわりにテロップを使ってストーリーを組み立てているのです。番組が、今風の民放番組のようなコミカルなテイストをもちはじめました。そしてエンドロールテロップにはかなり凝り、大番組のような大げさなものに仕上げました。バックには「スタンド・バイ・ミー」が流れています。

音楽が加えられ、テロップがつけられて、番組は完成しました。

学生の声《テロップの扱いだが、発言を要約して使うと、視聴者はそれで満足して微妙な話しかたやニュアンスや表現を聞きとろうとする意識が希薄になるのではないか。また、テロップは作り手が作成するものだから、そこにいくらかの主観的判断がはいってしまう。ここは注意しなくてはいけない》

●パソコンを使った編集

授業で使ったビデオ編集ソフトは、AdobePremiere でした。かなり高度な機能がついているのですが、初心者にとっては操作が複雑でかえってわずらわしいかもしれません。プロである私ですら、これほど高機能でなくてもじゅうぶんです。最近のパソコンの多くには無料で簡単なビデオ編集ソフトがついていますから、それを利用することをすすめます。

ここで簡単にパソコン編集の手順を紹介しましょう。まず第一段階は編集の準備からです。編集をするにあたって必要なのは、「撮影した映像をパソコンにとりこむこと」です。その手順は、

1　パソコンとビデオカメラを専用のケーブルでつなぐ。
2　編集ソフトからビデオを操作してとりこみたい部分を選ぶ。
3　編集ソフトのとりこみボタンを押してとりこむ。

とりこむとき、使いたい部分のみを切りとるのではなく、前後に数秒余分にのりしろとしてとりこむと編集のとき便利です。パソコンにとりこむと、映像がパソコンで扱える形式のデータに変換されてたまっていきます。実際の編集はこのデータを使っていくわけです。

図 4-6　パソコン上での編集作業

　ここで注意しておきたいのは、映像のデータは容量が非常に大きいということです。六〇分程度の映像をとりこんだだけで、パソコンは動きが鈍くなりがちです。快適でないだけならまだいいのですが、ひどいときには止まってしまう場合もあるのです。ですから、パソコンの処理能力、ハードディスクやメモリの容量には余裕をもたせたほうがいいでしょう。第一グループ「図書館探訪」では編集の途中でハードディスクの容量がたりなくなってとりこむことができなくなり、データを別のハードディスクに移したりと大変苦労しました。第二段階は映像を並べることです。手順は、

　1　使いたい映像の中で必要な部分だけ抜き出す（抜き出してもまた元に戻すこともできる。失敗を恐れなくてもいい）。
　2　それぞれをつなぎたい順番に並べる。
　3　気に入るまで並べ替えたり、追加したり、消去したりする。

若い人は、音楽の編集でよく似た作業をおこなっているので、早く慣れることができると思います。見た目が違うだけで、やっていることはCDからお気に入りの曲を集めて順番を考えて編集する、あの感覚とほとんど変わらないのです。しかも、映像の編集の場合は、映像と音をそれぞれ独立させて別々に作業することもできます。たとえば、AとB、二つのデータがあったとします。画像はAを選んでもその音声は使わず、Bから音声だけをもってきてAの画像にあわせる、というようなことも簡単にできるわけです。

映像を並べたら、第三段階は音の調整をします。主にやることは、音量調整・音の追加です。音量調整は、そのデータ全体の音量を調節することもできますし、特定の一部分を補正することもできます。たとえば、重要な部分では音量を上げ、それ以外のときは音を下げるといった具合です。また、音の追加もできます。映像に本来ついている音のうえに、別の音をいくらでも重ねられます。

そして第四段階でデジタルは威力を発揮します。画像や音声に簡単に効果を加えることができるのです。種類も非常に豊富です。画像の効果では、過去の話なのでセピアトーンにするといった、色を変えたり、ノイズをかけたりと画面を変化させたりすることができます。もっとも便利なのが、話の流れを変えたりシーンを切り替えしたりするときに使用される、画面の切り替え機能です。画像そのもので分節するのは難しいものですが、それをたとえば「ページをめくる」ように画像と画像をつなぎ合わせて実現することも簡単です。でもさきにも記したように、多用は禁物です。

音声の効果でも音をゆがませたり、高音や低音など特定の周波数帯を増強したりすることもできます。

これで編集作業は終わりました。完成したソフトは、パソコン内のハードディスクに書き出します。編集完成版を正式の完成版に作り直すわけです。以後、パソコンを再生すれば簡単に見ることができます。

さらにハードディスクから別の媒体DVD、テープ、USBメモリーなどに移しかえることも可能です。こうすれば遠く離れた人たちも、その媒体を通してソフトつまり作品を見ることができるわけです。

第五章　発表する

5—1　発表会

●発表にむけて点検

七月になりました。七夕の日、番組の発表会の前日です。早春から続いた番組制作も今回の〈発表〉コースで終わりをむかえます。本番前にやっておかなくてはいけないことがあります。点検です。

作業室に入ってさっそく、三つのグループそれぞれの進捗状況を確かめます。前回の〈編集〉コースでは時間切れになったため、ナレーションや音響効果を収録するまでにはいたらなかったグループもありました。不在である私のかわりにアシスタントのKさんが指揮をとって後の作業を進めてくれたはず。うまくできあがっているかどうかを事前に点検します。

三本とも試写して点検しました。学生たちも他グループの作品を目にするのは初めてで、食い入るように画面を見つめます。

三年生のINさんがナレーターをつとめる第一グループ「発見！　京大の誇り——オリンピックオークの下で」。主人公となるオークの木からの視点で話はまとまりました。女性のINさんが「オークの木の精」を演じて語るしかけはなかなか味がありますが、全体に淡々としていて何かパンチがたりないのです。二箇所コメントを追加して、いいたいことをはっきり打ち出したほうがよいのではとアドバイス。明日までにやり直してほしいと注文を出しました。

第二グループ「発見！　京大のお宝——若島教授の図書館探訪」。前回、粗編集での試写のときから、また一段と進化していました。編集のテクニックは素人の域をこえています。さすがに、映像経験者のいるグループです。ナレーションはK君。演劇部に所属しているだけあって、聞きやすい声質・滑舌です。

そして迷走を続けていた第三グループ「発見！　京大の謎――折田先生七変化」。多くを期待しないでみてみたところ、予想はみごとに裏切られました。おもしろいのです。若者の作品らしい「熱いもの」すら感じました。確かに粗い箇所はありますが、それ以上に話がおもしろいのです。ナレーションはリーダーのS君。バリトンの甘い声質が独特のミスマッチな効果を出して悪くありません。アシスタントのKさんの指導が功を奏したようです。ちょうど放送現場におけるデスクの役割をKさんははたしてくれたのです。

明日の発表会まで時間はわずかしかありません。各グループはラストスパートをかけました。

●試写の緊張

七月八日金曜日、いよいよ発表の日。午後一時からおこなわれます。学生たちも緊張しています。

ふいに放送局での試写会の緊張を思い出しました。テレビの放送現場でも放送前に試写会があります。編集室でおこなわれるそれまでの小さな画面を使ったノーナレーションの試写ではなく、ナレーションも音声効果もテロップもすべて備わった完成品を試写室で関係者（番組編成の責任者、つまり勧進元）を招いておこなわれます。番組の「内覧会」です。

緊張するのはディレクターだけではありません。プロデューサーもこのときばかりは同じです。これまでの制作過程では、プロデューサーは観客の側に立って、つまり他者として番組にむきあってきましたが、さらに多くの観客を招く試写会では制作者サイドに身をおく立場になるのです。

試写室の照明が落ちモニターの大画面にタイトルがあらわれると、制作者たちの顔が引き締まります。試写中は、観客の動静が気にかかってしかたありません。物語は理解してもらえるだろうか、おもしろいだろうか。退屈で居眠りする人はいないだろうか。試写室の闇の中でやきもきするうちに、エンドタイトルが流れて番組は終わります。つかのまの沈黙。発言の口火を切るのは誰だろうか。その言葉は吉と出るか凶と出るか。制作者たちがもっとも緊張する瞬間です。

ジョン・ヒューストンほどの大監督でも試写のときは緊張することを、ある本で知りました。パサデナあたりの中都市での試写会が終わった後、観客がアンケート用紙に感想を書いていると、遠くから心配そうに見守る巨匠がいる、と花田清輝が書いていました。

劇作家テネシー・ウィリアムズも、自分の作品に対する最初の劇評を目にするときの緊張を告白していました。自分の戯曲が舞台で初めて上演された次の朝はやく、劇評欄が掲載された新聞を開くときの緊張。表現をこころざすものが必ず味わわなければならない緊張です。

試写といえば、私が若かったころのディレクター時代に苦い思い出があります。特別番組を作ったときのことでした。内容にかなり自信をもっていた私は、事前にビデオの内容を点検しないまま試写会にのぞみました。観客である関係者も集まり、開始時間になりました。そしてスタートボタンを押すと、なぜか番組の途中から始まってしまったのです。泡を食った私は、ストップと早回し、早送りのボタンをやみくもに押してしまい、収拾がつかなくなりました。数分後に事態は沈静して試写が再開できたのですが、観客はしらけてしまい、中座する人も出る始末となりました。試写を終えて感想を聞いても、酷評はなかったものの、熱い支持もありません。あたりさわりのない意見ばかり。会場には寒い空気が漂っていました。これは試写の失敗です。あらかじめビデオの頭出しの確認をしなかったばかりに、観客の興味や関心を失ってしまったのです。思い出すと今でも冷や汗が出ます。

試写会場の講義室へ入ると、二一名の学生たちは映像の再生の準備と点検をしていました。私と違って用意周到です。学生たちも気合いが入っています。

●発表会のあいさつ

番組発表会は、広い第二講義室で行われました。会場には一〇〇人ほどつめかけています。映像は天地二メートル×左右三メートルほどのスクリーンに拡大されて投影されます。会場の前側には番組を制作した学生たちがグループごとに陣取り、後列には下級生諸君が坐っています。中央には学部長、歴史学科の二人の教授、そして他学部の教授といった関係者が着席したところで、私が前に立って発表会の趣旨を説明しました。

本日は皆さんに見ていただこうと三本の映像著作物を用意しています。プライベートフィルムの一種ですが、テレビ的な制作法にのっとって実践された番組です。これらの番組は四月に企画が立てられました。カメラ撮影による取材は五月、六月にはパソコンを使った編集作業がおこなわれ、ナレーションやテロップがきちんとつけられて完成したのが、昨日七月七日のことでした。そして本日、発表のはこびとなりました。

下級生たちは興味深そうに聞いています。

発表会は、お披露目やお祝いではありません。伊丹万作という日本映画初期の巨匠もこういうことをいっています。「表現とは表現それ自身で完結するものではないのです。必ず受け取りを必要とする。受け取りのない表現は無効である」と。


作品をはさんで作り手と受け手がいます。この会場では前方に座っているのが作り手で、後方が受け手のみなさんです。受け手とは書物でいえば読者、映像でいえば観客です。近年、文学でも読者論がさかんです。映像では発明されたときから観客を重視してきました。だから観客である下級生の皆さんは重大な役目をもつのです。五分番組を三本上映しますが、受け手としての心構えをいまからいいます。

そうアナウンスすると、メモを取る学生が数人います。

純粋に観客として番組を味わってください。けっして自分だったらこうするというみかたで番組をとらえないでください。まず好きか嫌いかを問うてください。そしてチェックしてください。
1　作品のテーマは何か。
2　作り手のメッセージは何か。
3　わからない部分はどこか。
4　どこがつまらなかったか。
5　どこが感動的だったか。
6　主人公に共感したか。
7　この作品で何がわかったか。
8　話がぷつぷつ切れていないか。ストーリーは流れているか。

こう発言する私を不安そうに見つめる制作者たち。そこで、今度は前列の作り手にむかって叱咤激励します。

制作者は、「すべての人々を喜ばすことはできない」というラビガーの言葉を念頭におきましょう。そのうえで観客の声によく耳をかたむけます。弁解は一切無用です。そして大切なことをチェックしてください。観客に番組がよく伝わったかということです。

こうして咳一つない静かな緊張のうちに試写が始まったのです。

コラム14 観客とは誰か

表現に対する「受け手」は、本であれば読者（reader）、ラジオであれば聴取者（listener）、スポーツであれば観衆（spectator）、テレビであれば視聴者（viewer）と、メディアによって名称は変わるものの、おしなべて〈観客（audience）〉と呼ぶことができるでしょうか。

本書でも、とくにテレビ番組の受け手をさす場合に〈視聴者〉と呼んだ場合もありますが、基本的には観客としてきました。観客とは番組の内部に属さず外側にいて、まったく番組に関する事情を知らない人です。番組の始まりから終わりまでをその番組時間の流れのなかのみで理解し味わう存在と規定しておきましょう。

ブレヒト演劇の研究者で、BBCでラジオドラマを制作していたマーティン・エスリンは、舞台の観客とラジオ、テレビの観客の比較をしています。テレビやラジオ（の前の客）は少数でもいいが、舞台はそうではなく、大勢でいっしょに見ているという感覚が感情の連鎖を起こすというのです。たとえば隣りの人の笑いにつられて自分も笑い、自分が喝采をおくればほかの人も拍手をする、といったことが起こるのです。それに対してテレビやラジオでは、たいてい一人で口もはさまず黙って視聴することが多いと思われます。

また、映画の観客は、北川冬彦によれば「映画を見て晴れ晴れとした、いい心地になることがなにより大切」、「映画を観っぱなしでは、楽しみは一重だ。見た映画を批評することによって楽しみは二重となる」という存在です。つまり映画の観客はわざわざ足を運んで作品を積極的に味わおうとしています。それに対してテレビの観客は消極的で、いわゆる「ながら視聴」が多いのではないでしょうか。

このようにメディアによって観客の特性はいささか異なるところがありますが、受け手として共通の観客の姿があります。次に紹介する飯島正の話は興味深いものがあります。

(最初の一〇分か二〇分で)その映画がおもしろいかおもしろくないかは、ほとんどきまってしまうとみていい。その一〇分か二〇分かの間に、観客はその映画のなかにはいりこみ、まるで自分がそれをつくっているかのような気になるものである。そして、はじめの調子からおして、自分はこう行きたいという気になる。これはもちろん監督者も意識していることであるが、それは監督者の考えた「行きかた」であるにしても、それが一般の観客に受け入れられるようにできてこそ、映画もおもしろくなるのである(飯島正『映画入門』角川新書、一九五五年)。

表現の初期段階で物語の動機づけが示されて、観客はまず第一の興味をもつ。次にあたえられた材料、手がかりで観客自身のなかに物語の行きかたがイメージされる。そのイメージと作り手の「行きかた」が一致すれば、観客は深い関心をもち、感動にいたるというわけです。はずれれば観客は急速に関心を失います。この万人の観客が望む「行きかた」を、先回りして作り手が作れているかどうかが、番組評価の大きな基準となるでしょう。

●発表から評価まで

最初の発表は第一グループ「発見！　京大のお宝——若島教授の図書館探訪」。三本のなかでいちばん安定している作品なので私もそれほど不安はなかったのですが、大きな画面で見ると編集室ではわからなかった欠点がうかびあがってきます。上映後すぐ観客から手があがりました。「画面がせわしなく動いて、よくわからないところがありました」。この学生の批判どおり、画面がたえず揺れています。撮影のとき、三脚を立てずに手持ちカメラを多用したためです。さらに一カット一カットが短くあわただしい印象です。一カットにつき、せめて六秒は確保したいもの。映像をはじめてみる者にとっては、その意味を把握するのに最低このくらいの時間が必要だといわれています。さらに音声が全体に低く小さいのも気になりました。大事なインタビューの内容が半分しか伝わりません。また音量が不適切だと、まちがった印象を観客に与えかねません。音声処理は今後の課題です。

とはいえ、愉快そうに鑑賞していた学部長に意見を求めると、「まあおもしろかったよ」とほめ言葉。第一グループの連中はホッとした表情です。

次は第二グループ「発見！　京大の誇り——オリンピックオークの下で」。ベルリンオリンピックの当時の古い映像が流れると客席から軽い驚きの声があがります。まさか、「本物」の映像が含まれているとは思わなかったのでしょう。著作権の課題をクリアする必要はありますが、既存の映像を自分の番組に取りこむことは、番組の品質をおおいにあげてくれるのです。番組の最後では現役選手の就職活動が描かれ、現代文化学専攻（当時）の主任教授は「歴史の話かと思って見ていたら、ちゃんと現代の話になっていて感心した」と。

その言葉に喜んでいたら、オリンピックオークを永年保護してきたという関係者から、事実関係でやや誤認があるという指摘を受け、リサーチが不十分だったことが明らかになりました。発表するということは公共性を伴いますので、まちがったことを伝えないようにする責任が生じます。

最後は第三グループ「発見！　京大の謎――折田先生七変化」。上映の最中から笑い声がもれました。観客の反応はなかなかいい感じです。

終了後、歴史学の教授に意見を求めると、「若者らしい力を感じて、ぼくは好きですよ」という意見。思わずにやにやする第三グループ。好意的な感想が多かったのは番組にユーモアがあったからでしょう。だが、番組のメッセージがあいまいであること、ひとりよがりな表現が目につくことなど、多く改善の余地があると私は感じました。

さて、観客の感想を聞いただけで「お疲れさま」と帰すわけにはいきません。評価をしてもらうのです。三本の番組の中で好きな作品はどれか選んで手をあげてもらうことにしました。各グループのディレクターをつとめたＫＫ君、ＭＫ君、ＳＹさんが前に出て挙手の数を調べます。その結果、第一グループ「図書館探訪」二四票、第二グループ「オリンピックオーク」四票、第三グループ「折田先生七変化」二〇票となりました。評価という観念的なものを数値化してみました。テレビの世界でいえば視聴率にあたります。

学生の声　《観客の反応が怖かった》《試写中はやはり緊張しました。観客がどのような感想をいだくのか、どんな批判が出てくることかと怖くてなりませんでした》《自分が抱く作品への思い入れと、観客の反応とは違うということを感じました》

コラム15 発表することで表現を鍛えよう

ホームビデオがさかんになった九〇年代、アメリカではホームパーティの宴たけなわでホストの家庭のホームビデオ上映会がよく行われました。可愛い孫や子の成長ぶりを目にする祖父母や父母にとってなによりのエンターテイメントだったかもしれませんが、その他の人たちにとってはどうだったでしょう。説明もなく文脈も通らない映像（撮りっぱなしだったり未編集だったり）を突然見せられて戸惑うしかありません。厳しく言えば、退屈かもしれません。せいぜい苦笑するしかないでしょう。

つまり、単なるホームビデオは〈他者にみせる〉ことが前提にはなっておらず、「表現」の域には届いていないのです。

伊丹万作は「表現とは表現それ自身で完結するものではないのです。必ず受け取りを必要とする。受け取りのない表現は無効である」と言っています。つまり〝作品〟は作るだけで終わってはいけない、発表し観客が受け取ってはじめて完結するのです。

テレビ番組にはテレビが、映画には映画館という発表の場がありました。でも個人の映像制作にはこれまで発表の場というものはありませんでした。せいぜい身近な人に、ＤＶＤやビデオテープに書き込んだ作品を再生して見てもらうのが関の山でした。数人の規模です。

ところが近年、大きなチャンスがやって来ました。インターネットの発展はめざましく、二〇一〇年代に入ってから、動画投稿サイトというものが出現したのです。みんなで簡単に動画（スマホ映像やビデオ映像）を投稿し、みんなで造作なく見ることができる。つまり動画をみんなで共有できる仕組みが生まれたのです。しかも無料です。個人制作の動画がおおぜい（とてつもない数）の人の目に触れる場が誕生したのです。

この機会を逃す手はありません。ここに自分の制作した番組をアップしましょう。そしてたくさんの人の目にさらされてみるのです。この投稿サイトにはコメント欄があって、視聴者からの批評や感動、苦情が寄せられる仕組みになっています。お褒めの言葉は励みに、お叱りの感想には謙虚に耳を傾けます。実は、このお叱りがかなり大事です。艱難汝を玉にする。作り手が当たり前としていることでも、内部の事情を知らない観客にはまったく理解できないことがあるのです。そこを観客側から指摘を受けてどうしたらいいのかを考えるのです。このとき制作力が一段とアップすることは間違いありません。大事なことは観客の反応の中から有益な情報や示唆を取り出し、次の作品へのコヤシにすることです。こうして個人が制作した街場の映像であっても、動画投稿サイトを通して世界中の観客に届いて「表現」は完結するのです。

言い忘れてましたが、ホームビデオの他人にとって価値がないという先述の話ですが、そうでもない面もあります。ホームビデオの映像を観るとき、余所の家のアルバムを覗くような妙なワクワク感、好奇心が、湧いてくるのも事実です。誰にも明かされていない秘密をそっと暴露されたような——。

この気分をうまく取り込んだ番組が「ファミリーヒストリー」で、今評判をとっているという事実も一方ではあります。

第二部　番組作りにチャレンジ——ウェブ2・0の時代の技法

第六章　ヒューマンドキュメンタリーに挑戦

これまでの第一部では、テレビ制作の実践例をみてきました。ここまで読んできたあなたには、番組を作りたいという意欲が燃えさかっていることでしょう。第二部では、第一部ではあつかいきれなかったあなた自身が実践するためのメソッドをいくつか紹介します。これから記されていく手順・段取りにのっとれば誰でもドキュメンタリー番組を作ることができます。

6―1 「親の人生」

●親の人生を描いてみよう

自分史を書くということが二〇年ほど前にはやりました。おりしも昭和という時代が終わりを告げ、その激動の時代を個人的にもとらえなおしたいという欲求が高まったのでしょう。そのころ農山村に取材にいくと、「私の人生は、あのおしんよりもっとつらく過酷なものだった」ともらす人たちによく会いました。彼らの言葉の端々に、自分が歩んできた道を誰かに伝えたいという欲求を感じたものです。しかし、自分史という試みには、ひとつ落とし穴がありました。自分を語るということには、どうしてもある種の臭みがつきまといます。作者自身が抑制をはたらかす表現が誇張されたり客観的な視点が抜け落ちたりしてストーリーが美化されます。作者自身が抑制をはたらかすのが難しいのです。

そのため、本書で私は視点を変えた枠をしかけようと思います。番組制作の主題を、自分ではなく「親の人生」にしたらどうでしょうか。この枠であなたの番組の企画を立ててみるのです。さほど人生の経験がない若者にとっては、親こそが、人生においての大きな存在でありかつ他者ではないでしょうか。親しい他者――もっとも親しい関係でありながらじつはよく知らない存在――である親を「父の人生」「母の人生」としてドキュメンタリー番組にするのです。ただし、ここでは親子の絆という視点はいったんはずしましょう。ひとりの男性ひとりの女性という他者としてしっかりみつめることを制作の条件にします。

親の人生を描くという〈枠〉が設定されたので、次に〈尺〉を決めておきましょう。人生ということで少なくとも五つ以上のシーンが必要だと思われます。そこでやや長めの一五分を尺とします。

●企画段階

ただちに企画書を作成してください。だいたいのことはわかっているからいいだろうと、この作業をはぶかずに、しっかり〈ねらい〉〈内容〉〈構成〉を書きこんでください。自分はなぜ親の人生を描くかということを企画書にしっかりまとめます。企画書をひととおり書いたら、取材ノートの一ページ目に貼りつけましょう。

次にリサーチです。年譜を作り、それにそって番組の主人公である親自身から話を聞きます。人生を大きく区切って、年譜を作ります。

1　誕生から少年時代
2　青春期
3　就職したころ
4　結婚
5　出産

6　中年期

7　退職から老成期まで

この人生年表をもとにして本人にリサーチし、当時の事実関係をざっと調べます。このとき、せかしてはいけません。取材はまだ始まったばかりです。今後のこともあるのでさきを急がず、ゆっくりおおらかに聞くのです。本人に緊張をあたえたり警戒心をもたせたりしてはいけません。聞かれるほうもあらたまって子どもから質問を受けると、照れたりはぐらかしたりするでしょう。巻貝と同じで一度ふたが閉まると二度と開かないものです。親子の間柄であればなおさらでしょう。

リサーチはさらに周辺の人まで広げます。親の親つまり祖父・祖母や、兄弟姉妹のおじ・おばからも話を聞きます。遠隔地に住んでいるなら電話や手紙でもいいでしょう。ほかに当時を知る知人・関係者にも取材をかけます。ついでにこのリサーチのときに、カメラをもった本取材の段取りをつけておくとよいでしょう。あらかじめアポイントメントをとっておくのです。聞き出した話とともに写真や日記などの資料も集めておきます。

集まった証言、資料や写真、アルバムを取材ノートに埋めていくと、本人ですら知らなかったり忘れていたりしていた事実が明らかになっていきます。

次に、リサーチのとき取っておいたアポイントメントを、スケジュール表にして整理します。主人公の親本人には撮影スケジュールの最初と最後にロングインタビューを二回設定しておきましょう。一回三時間以上のロングインタビューは最低二回必要です。一回目はリサーチのときに聞いたこととほぼ同じかもしれません。二回目の終盤には、取材が深まって新しい事実がわかってきたりすると、本人も忘れていたできごと・情報が浮かびあがることもあるのです。この変化は番組の構成においてもきわめて重要です。

●親本人へのインタビュー

いよいよ撮影です。撮影のほとんどは親のインタビューで占められるでしょう。だが構成表のなかで中心(クライマックス)になると思われる項目をみつけたら、その現場・現地に本人を連れ出すことも一つの方法です。現地で話を聞けば、具体的に本人が行動したり振る舞いをしたりして、インタビュー以上のアクションも撮影できるかもしれません。実際の撮影については、第三章でくわしく言及しましたから参照してください。

ただ一つ、親本人へのインタビューについてだけ特記しておきます。前述したように、本人インタビューは最低二回、ロケ期間の最初と最後におこないます。最初のときは記憶もおぼろげで証言はたどたどしく不鮮明でしょう。だが取材が進んで別の情報をあなたが仕入れた後で、再度本人にインタビューすると変化が起こるはずです。そうするために、二回目のインタビューのときはもう少し嫌らしい聞きかたをします。

まず前回と同じことがらを詳しく聞いたうえで、あなたがほかでつかんだ情報をぶつけます。本人の談話とほかでえた情報とに矛盾が起こっていたら、そこを究明します(子だから許してくれるでしょう)。本人の記憶に空白があれば、本人とあなたの話し合いでそこを埋める努力をします。まさに親と子のコラボレーションです。本人を追いこんで、しっかり自分の人生とはなんだったかを考えてもらうように状況を作るのです。

そのためには、事実だけでなく思いを聞くのです。あなたの人生で最も思い出深いものはなにか、そのときどんな気持ちだったか。もっともつらかったことはなにか、そのときどんな気持ちだったか。いままで歩んできた自分の道をどうみているか。こういう質問を本人にぶつけてみましょう。

●資料を集める

インタビューと並んで、「親の人生」のもう一つの大きな構成要素は資料です。写真アルバムや日記、思い出の品々など親自身にかかわる資料を収集して人生年表にしたがって整理します。

1 誕生から少年時代
2 青春期
3 就職したころ
4 結婚
5 出産
6 中年期
7 退職から老成期まで

次に、これらの時期の社会背景についての資料を集めます。たとえば、私のような団塊の世代の場合を考えてみます。

1 **誕生から少年時代**――一九五五(昭和三〇)年、小学校に入学したころ。一クラス五〇人のマンモス学級だった。仮設校舎に押しこめられていた。大人の社会では、国会で自由党と民主党が合同して、自由民主党が生まれていた。「五五年体制」の出現だ。国際的には冷戦の時代。フルシチョフがスターリン批判を準備していた。

2　**青春期**──高度成長時代、高校生になったころからラジオの深夜放送がブームとなる。男性週刊誌「平凡パンチ」がヤングのバイブルとなる。ビートルズが来日し衝撃を与える。

3　**就職したころ**──学園闘争が激化し盛り上がる。一九七〇（昭和四五）年、大阪万博開始。日本社会は成長軌道に乗る。一九七四（昭和四九）年にセブン＝イレブン一号店がオープン。国際化が急速に進む。……などなど。

こういう時代の新聞、雑誌に目を配り、その時代を象徴する写真や記事を集めるのです。本人や証言の中で明らかになった重要な事柄にまつわるブツに目を配りましょう。たとえば、ビートルズのシングルレコード、トランジスタラジオなどです。愛読書、仕事における必需品、趣味の道具なども本人にたずねて提出させましょう。『愛と死をみつめて』とか『ゲバラ伝』が出てくるかもしれません。パスカルの『パンセ』が出てくれば、父は意外に真面目だったのだということが明らかになるではないですか。そのほか、素人撮影のフィルム、ビデオ、録音などもみつかれば、手元に集めます。本人がもっていなくても、友人が深夜放送の「オールナイトニッポン」の録音をもっているかもしれません。ときには、父自身、母自身の肉声が録音されて残っているかもしれません。

とにかく、一切がっさい集めてしまいましょう。これらのブツは被写体としての意味だけでなく、ロングインタビューの格好の小道具です。これらを手元において話を聞くと、思わぬ展開があるかもしれません。

●ブツ撮りの工夫

後でこの集めたブツを撮影します。この作業は取材現場ではなく後刻まとめておこないます。というのは、自然光で撮ると、太陽が移動して光源が動いたりむらができたりして、画像が不安定になるからです。そこで室内にブツをきちんと固定し、人工照明をあてて撮影できれば最高です。いまはカメラの感度もよくなっているので、普通のライトを使ってもかなりきれいに撮れるはずです。

本や品物のたぐいはそのまま撮ってもいいのですが、思い入れのある物などは少し照明を工夫して、スポットライトをあてるとか影をつけるとかして撮っておくのもよいでしょう。カレンダーや新聞は、できごとの日付を表すのに最適です。新聞の場合、日付だけを撮るよりも、その紙面全体を撮ってから日付へズームアップしたほうが効果的です。ズームレンズを動かさず、スポットライトをあてて日付を強調することもおもしろいでしょう。そのときはライトを直接あてるのではなく、鏡を使って、鋭い反射光をあてます。読ませたい数字や文字だけに光をあててその部分を浮かびあがらせ、その意味を観客に対してはっきり提示する効果をねらいます。

ブツそのものを単に撮影するだけでなく、それなりに飾ったり演出したりしたほうがよい場合があります。たとえば、主人公ゆかりのレコードであれば、漫然とブツそのものを撮るのでなく、実際にプレーヤーにかけて音も再生させて撮るというのも一つの演出です。そのほうが動きも音声もあって、映像が格段にいきいきしてきます。ＣＤやカセットテープでも同様です。

ブツのなかでももっとも重要なものは写真です。写真が語る情報量は多く、とくに過去を表すものとしては記録性・明証性においては追随を許しません。ですから撮りかたも工夫すべきです。一枚の写真として全体を撮るだけでなく、部分をアップするなりトリミングするなりして、同じ写真でもいくつかのバージョンを確保しておきます。多めに撮っておくのが写真撮りの秘訣です。

写真については一つ注意しておかなければいけないことがあります。著作権です。個人アルバムの写真は、プライベートの著作物ですから、所有者・撮影者の許可さえあればいかようにも撮影できます。主人公のワンショットでも友人や家族とのグループショットでも、好きなようにサイズを変えたりライトをあてたりして撮影すればいいのです。しかし、公にされている写真（たとえば雑誌や新聞に掲載されたものなど）を使用する場合、著作権が発生します。著作権者の許可を必要とし、場合によっては使用料金を払う義務があることを覚えておいてください。

●編集段階

そして編集です。編集作業の流れは、〈ラッシュ試写、粗編集、編1作成、検討、再編集、編2作成、……、最終編集、最終試写〉と進めていくことは、第四章で述べました。

編集してひととおり形になったら、他人に見せて印象や批評を聞きましょう。ただし「親の人生」の場合は親本人には見せません。それ以外の他人に見てもらうのです。以下の点を聞き取りましょう。

1　なにをいいたいのかわかったか。
2　どの部分がわからないか。
3　ストーリーは流れているか。

こうして一五分のテープをあなたは作りあげました。できあがったテープは、まだナレーションや音楽・効果音もなく字幕もついていないクリーンピクチャーです。あとは仕上げだけです。ナレーションを入れ、音響効果つまり音楽などを加えて、テロップ（字幕）をつけて完成品となります。

●発表段階——親本人に見てもらおう

作業を開始してから、約一カ月。一五分サイズのあなたの番組が生まれました。なかなか見ごたえがある内容になったはずです。番組という完成品に仕上がれば、最初の観客は主役である親です。本人に見せて反応をうかがい、感想を聞きましょう。ただし、見せかたに注意してください。ほかの家族なり友人なりといっしょに見せるようにして、けっして本人だけで単独に見せるのは避けてください。

見おわった後の修正要求については事実の誤認でない限り応じないことにします。照れくさいからあのシーンはやめてほしいとか、インタビューで話したことを短くしてくれとか要請されても、応じないことにしましょう。番組は主人公のものではなく、作者であるあなたのものですから。番組の内容、認識、語り口、責任、すべてあなたが負っています。親の人生をあなたという視点からみつめたのです。そこには、親と同時にあなたが表現されているのです。むろん、人物の名誉を損なっていたり事実を曲げて描いていたりした場合は、訂正には誠実に対応しましょう。

コラム16　デジタルストーリーテリングの裏技

〈デジタルストーリーテリング〉という番組制作運動があります。一九九〇年代にアメリカで始まり、今や欧米を中心に世界的な広がりをみせています。

人類がまだ文字や写真をもたなかった時代には、物語ることが唯一のメディアでした。夜、燃えあがる焚き火の炎を見ながら長老は若者に、昔起こったできごとや体験を代々語り伝えてきたのです。これがストーリーテリングです。とりわけアメリカインディアンたちはこのストーリーテリングの文化を長く保持してきました。

ところが近代文明におけるマスメディアの発達によってストーリーテリングは根こぎにされ、人々から忘れ去られました。人は物質的に豊かになり、大量の情報をマスメディアからえられるようになったにもかかわらず空虚なものを感じるようになってきました。地域との交わり、自然とのかかわりが希薄になり、自分とはいったい何者かという根源的な問いをうちにかかえるようになったのです。

そういう現代人の悩みを克服する試みとして、一九九〇年代になってアメリカ西海岸を中心にかつてのストーリーテリングが、デジタルの世界で再構築されました。ストーリームービーという映像が、万人によって作られ交換されるというものです。

その一例としてイギリスのウェールズ地方でおこなわれている、デジタルストーリーテリングについて紹介しましょう。ここでは指導者にしたがって、まったく素人の老若男女がわずか五日間でストーリームービーを作ります。内容はおもに自分の生い立ちです。短期間で制作できるのは撮影がほとんどなく、自分のアルバムの写真を素材にしてパソコンで画を加工しながらつないでゆくフラッシュという手法を使っているからです。静止画であれば家にある写真アルバムも画像として利用できるし、動画の複雑な編集をしなくてもすむということもあって、大勢の人から支持されるようになりました。自分のことを取材するわけですから「親の人生」より取材も簡単です。

このストーリームービー作りの手法で、「親の人生」に活用できるものが一つありました。裏技といっていいかもしれません。最初に台本を作ることから始めるのです。作業の手順は〈台本作成→素材の収集→編集→作品完成→発表〉です。自分のことですからとりたてて取材しなくても物語をすぐ作れます。それに合わせて画像を編集していくのです。あらかじめ物語を作っておいて画をはめこんでいくのですから、番組制作のように編集で悩み苦しむなんてこととは無縁なのです。だからこそ万人に広まったのでしょう。

「親の人生」制作もリサーチを終えたら構成表を書くかわりに台本を作って、それにしたがってロケを始めると撮影が効率よくすすむでしょう。編集で構成する苦しみから逃れられるかもしれません。ただし、このデジタルストーリーテリングの方法だと、番組のもっているいきいき感がまったく消え、どれもよく似た物語になりがちだという点は心得ておいてよいでしょう。

6—2 「心の旅」

●旅行体験を番組にしよう

もう一つドキュメンタリーの実践例をあげてみましょう。旅を題材にした「紀行番組」です。個人制作のビデオ作品のなかでももっとも多く作られるジャンルですが、どれもだいたい同じような作品になりがちです。行った、食べた、遊んだ、という行為が羅列されただけの番組では、観客にとっては退屈でしょう。そこで、他者性を帯びた作品性のある紀行番組を制作することを、私は提案します。

衛星放送で放送された人気番組に「世界・わが心の旅」がありました。各界の著名人が世界の各地へ旅して、心に残ったことを記録していく番組です。それは一四年にわたりのべ三〇〇人の旅人が登場した名番組でしたが、惜しくも二〇〇三年に制作を終了しました。私もおよそ二〇本を制作し、そのなかでこの番組のおもしろさを味わいました。その奥義を少しとりこんで、おもしろい紀行番組の制作法を考えていくことにします。

●「世界・わが心の旅」の手法

「世界・わが心の旅」は、旅人が「こだわりの国」を訪ね、その国への思いや、喚起される心情を語っていく紀行番組です。番組の基本はあくまで「旅人の心が旅路をつくる」こと。訪問先はあくまで過去や現在において旅人の生き方に影響を与えている国が選ばれます。旅人と縁もゆかりもない国は舞台にしません。紀行番組であるとともに現地の風土や文化、人々との出会いによる旅人の心の動きを追うヒューマンドキュメンタリーでもあるのです。その点で、出演者が海外を訪れ、現地の文化や情報を紹介する、いわゆる海外リポート番組とは一線を画すのです。


旅人がはじめて訪れるとするなら、その旅人の人生や仕事に大きく影響したその土地固有の人物、芸術作品、自然現象、歴史的モニュメントなどを探訪することが、この紀行番組の骨格とならなければなりません。

また、再訪の場合は、かつてその地に暮らした旅したという旅人のノスタルジーを入り口としつつも、それだけにとどまらず、時の流れをへた事象や場所の変貌が旅人の心にどう照射したかを描き、また旅人自身が新たになにを感じみいだすかをみつめることがポイントです。つまり、単に旅をしましたというのではなく、旅をして出会った人々や状況から旅人が触発されてなにを発見し、自己を再発見するかを追いかけていくドキュメンタリーをめざせというのです。

●「世界・わが心の旅」のフォーマット

この番組の基本的な枠組み・フォーマットを紹介します。図6―1を参照してください。

四五分の番組です。まず旅のハイライトが断片的に集められアヴァン・タイトルで番組は始まります。その部分は二分以内で終えて、タイトルが出ます。いよいよ本編。冒頭に旅人が登場し、旅の動機をカメラにむかって語ります。なぜこの旅先を選んだか、なにを求めるのか、なにを発見したり確認したりしたいのか、手短かに語るのです。そこから旅の日程に合わせて番組は進行していきます。一日目、二日目、三日目、と区切ってトピックやエピソードが紹介されます。旅の後半(三五分から四〇分あたりまで)で本題が展開してクライマックスが形成されます。やがて旅が終わりに近づいたあたりで、この旅で感じたこと、えたこと、再発見した自分自身、などについてまとめの感想を、やはりカメラにむかって語ります。この締めくくりの感想も旅の動機と同じぐらいの一～二分以内にとどめます。そして旅が終わっていくのです。

●企画段階

さあ、今から「世界・わが心の旅」にならって、自分だけの紀行番組を実践してみましょう。まず旅の目的地を記入します。そして、企画書を書きます。ただし、これは簡便なものでいいでしょう。行くさきが決まっており日程が限定されている、という制約がある企画ですから、プロデューサーにみせるようにではなく、自

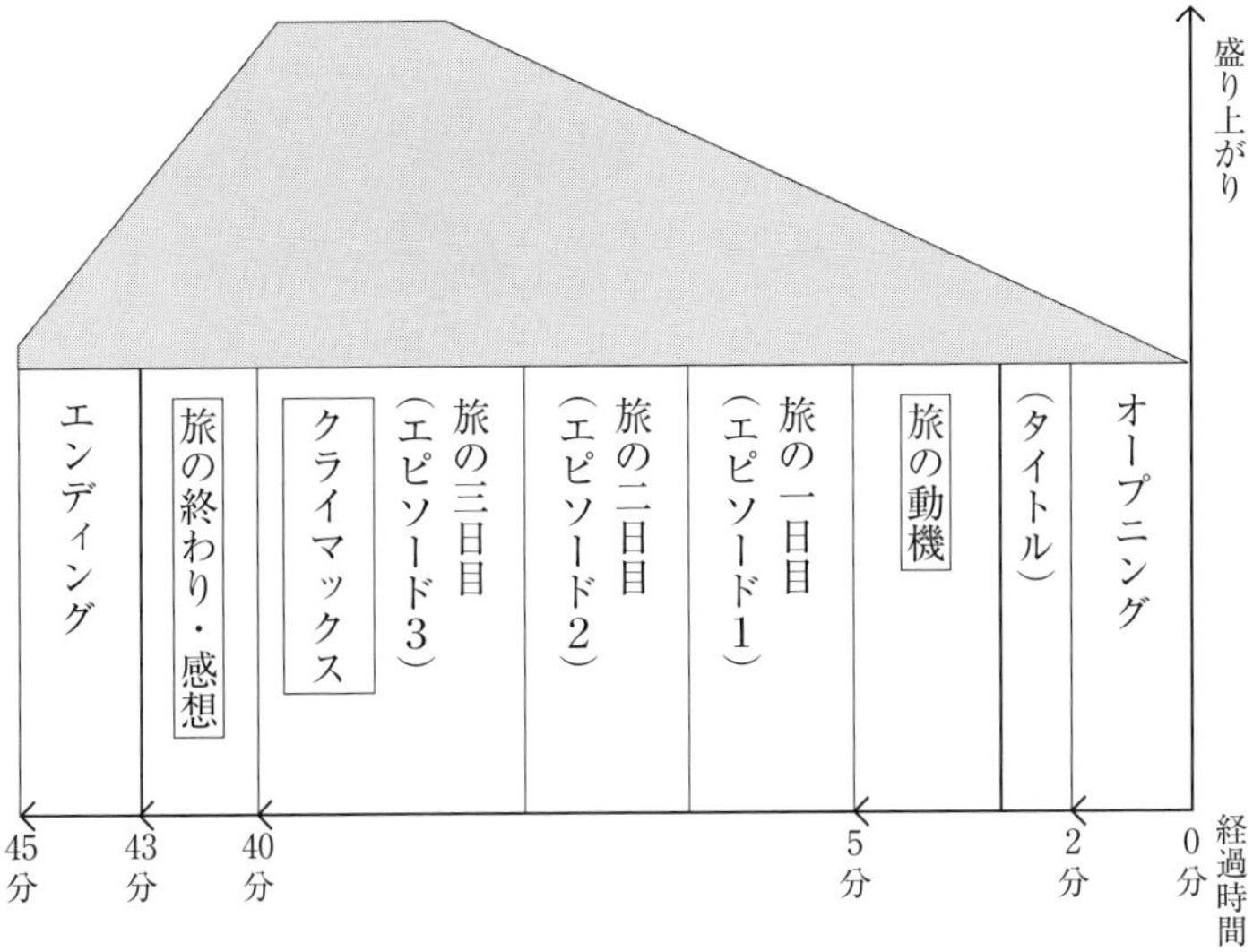

図 6-1 「世界・わが心の旅」のフォーマット

分の覚え書きに近い企画書となります。旅の予定全体を眺めて、いちばんのイベントなりいちばんの見物ポイントなり、旅の目的などをまず洗い出します。それをまとめて、企画の〈ねらい〉を書きこみます。〈内容・構成要素〉は、難しく書く必要はなく、旅程を日にちごとに項目化すればいいでしょう。

取材構成表も、ほぼ〈内容・構成要素〉に書いたことをまず並べます。次に、現地のガイドブックや『地球の歩き方』などに記載されている情報をつけたしておくと、映像のイメージを浮かべやすくなります。このガイドブックからの情報は、番組制作のリサーチにあたるわけです。

●取材段階

この紀行番組はスタッフワークでなく自分ひとりで制作することを前提にします。だから、一つだけこの紀行番組に必要な技法を紹介します。それは、旅人（つまり、この場合は制作者であるあなた）が現場で感じ

図 6-2　自分撮り

たことをカメラにむかって話す局面を、いかに実現するかという課題が出てきます。全部旅を終えてから、編集の段階でまとめて感想を撮影するという方法もありますが、現場でなくてはわからない感想・印象・情報をその場で記録しておく必要がおきるのです。

そのときは、カメラを自分に向けて撮影します。〈自分撮り〉です。三脚を立ててカメラを設置し、ファインダーをのぞいて画のサイズや構図を決めてからスイッチを押し、おもむろにあなたはカメラの前に立ちます。このショットはできるだけ人物本位のタイトなサイズがいいでしょう。あなたはカメラにむかってしっかり大きな声で話します。いわゆる立ちリポートのスタイルです。この際、けっしてカメラをパン（カメラを左右に動かして撮影すること）したりズームしたりしないように。話を終えた後は、周囲の光景を撮っておきます。いわゆる〈拾い〉の画を撮っておくことが重要です。

カメラを三脚につけた状態にしておけば、それをもったまま歩いて移動することも可能です。トラック（移動）ショットの自分撮りです。

旅の初めと終わりに必ずこの自分撮りをやってください。初めは、まずこの旅の目的・ねらい・期待を、自分撮りしておきます。番組のモチーフを形成する要素です。そして旅の終わりには感想や感慨を自分撮りしてください。これが、紀行番組の結論の要素となるわけです。

旅しながらの撮影のポイントを以下に示します。

1　その日の天候を撮る。

2　旅の移動中は撮影をしない。できるだけ旅気分を味わい、現地を楽しむ。感動がない旅は番組にならない。

3　おめあての場所についたら撮影開始。まず場所を撮れ（ロングショットで）。

4　撮影ばかりしていて旅を楽しまなければ意味がない。必要だと思ったらカメラのスイッチを入れて歩け。ファインダーをのぞいて撮影しなくてもよい。映像は適当に撮ることにして、音声だけを確保しておく。

5　そのかわりに、スチルカメラで要所要所を撮影しておく。

6　現地の人に話を聞く（インタビュー）。

7　現地・現場の資料（地図、案内のパンフレットなど）をできるだけ確保する。

8　現場の情報を撮影する（案内板や看板など）。

9　毎日、夕食を撮影しておく（レストランの雰囲気、料理など）。

10　取材ノート（旅日記）をつけておく。

●編集段階

旅行から帰ってきました。今回は手のこんだ編集はめざしません。最初の場面に、旅の動機をおきます。そこから旅の日程どおりに時系列にそって編集していきます。最後に旅の終わりの感想を入れます。これで粗編集ができあがり。ひとまずこのバージョンを作りあげましょう。ですが、これだけでは単なる〈現地リポート〉です。旅の風味はなく、かの地はこういう場所であったと情報を伝えただけにすぎないものになります。

そこで、この旅した地域の歴史・文化の背景や、帰還してから感じた思いなどを付加してみるのです。番組に深みが出てきます。実際の作業としては、資料の追加撮影（ブツ撮り）をして新しい映像を追加していきます。その映像をさきほどの粗編集したものにとりこみます。

仕上げについては一点だけ注意してください。ナレーションです。この紀行番組の語り手は制作者本人になります。だからナレーションの文体は主観的であることが求められます。けっしてニュースのような客観的な他人ごとのような文体にしないでください。そしてたっぷり音響効果を加えてください。「親の人生」の個人史番組と違って、紀行番組に音楽はとても合うのです。

第七章　スタジオ系ドキュメンタリーに挑戦

●マルチカメラでの制作

ノンフィクションの番組はすべてロケーション撮影をして作りあげられるとはかぎりません。スタジオという限定された空間内で、対談やインタビュー、講演などをするスタイルの番組もあります。これを〈スタジオ系番組〉と呼びます。この番組の特徴は、(原則として)一場で構成されているということです。つまりスタジオという一場面で撮影収録されるのです。ただし、実際には参考として資料や他の映像を挿入(インサート)して内容にメリハリをつけるということはあります。

この系統の番組のもう一つの特徴は、複数のカメラ(マルチカメラ)を使用することです。スタジオでおこなわれるパフォーマンスを、二台三台のカメラで切りとってみせてゆくのです。したがってこの手法を実現するには、カメラが二台以上必要となります。二人のカメラマンがついているのがベストですが、場合によっては一台は無人でもかまいません。つまりカメラマンのいるカメラをメインにして、無人カメラはバックアップのためのセカンドカメラにしておきます。

7—1 対談番組

●撮影段階

二人の話し合いを番組にします。インタビューのように、聞き手と話し手にわかれるのでなく同等に話を交わすという番組です。

撮影される人物たち、二つのカメラは図7—1のように位置どりしてください。

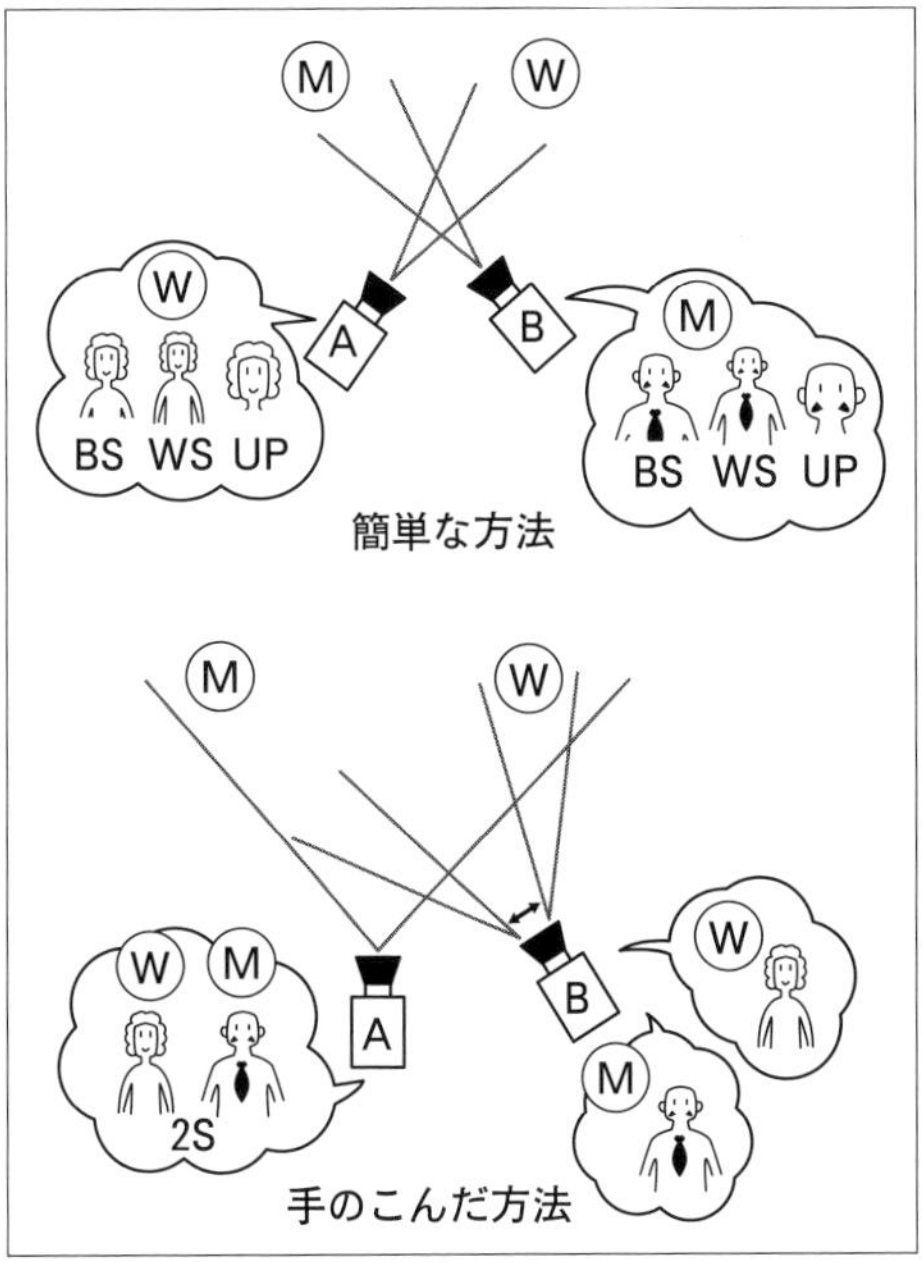

図 7-1　対談番組を撮影するときのカメラ位置

撮影の仕方は二通りあります。まず簡単な方法。被写体Mをカメラ Bが、被写体Wをカメラ Aがねらいます。それぞれのカメラが被写体の担当を決めて撮影します。大切なことは話の変わり目・切れ目で画面のサイズを変化させることです。Wが話し終えてMが話し始めたら、WをねらうAカメラはそのあいだに画角を変えておくのです。ずっと同じサイズで撮ると番組が単調になることと、こういう撮り方だと後で編集しやすいのです。

もう一つの方法は、少し手のこんだ撮り方です。AカメラはMとWを入れこんだツーショットのサイズで撮影します。Bカメラは、そのとき発言している人物をそのつど撮ります。つまり、BカメラはたえずカメラをMからWへ、WからMへとパンさせているのです。

●編集段階

こういった番組の編集は、簡単な方法であれば、発言者を中心につないでいけば、すぐ形になります。手のこんだ撮影法の場合は、これもまず発言している人物を中心につなげばいいのですが、話の切れ目でカメラがパンしているような不安定な部分には、Ａカメラのツーショットの画像をはめこめば、作品が均整のとれたものになるはずです。

こうして収録された対談の前後にオープニングとエンディングの部分をつけて、できあがります。

7―2 講演番組

講演会などを番組にしてみましょう。授業では五月に特別授業をもち、作家の大江健三郎に一コマ講義をしてもらいました。演題はこの授業にふさわしく「言葉の表現、映像の表現」。当日は地元の新聞で発表されていたこともあって、学外の人々を含む三〇〇人近い観客が講義室につめかけました。

この講義を番組にしようと私は学生に提案しました。それは大江が京都駅に到着してから大学に入り二時間半の講義を終えて大学を去って行くまでを追いかける、いわゆるドキュメンタリーのスタイルではありません。「言葉の表現、映像の表現」という講義内容そのものを番組にするのです。大江が映像について語るということは、これまでほとんどありませんでした。それを語るというできごとも興味深いものですが、語られる内容自体もかなりのスクープといえます。この講義を記録すれば一つの作品としての番組になるわけです。

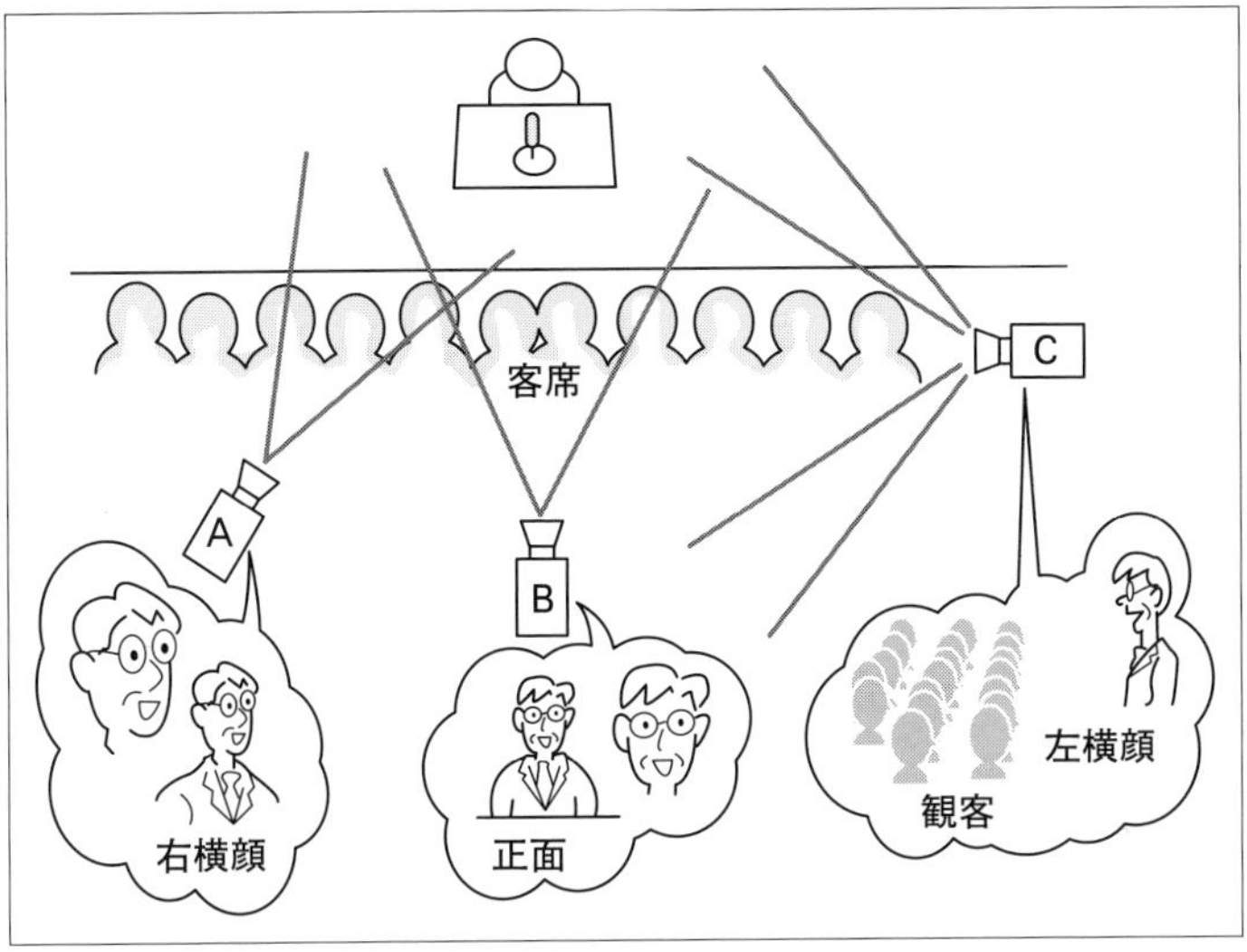

図 7-2　講演番組を撮影するときのカメラ位置

●撮影段階

カメラの位置どりです。大江にむかって左手Aカメラ、中央Bカメラ、右手Cカメラ、と三台を配置しました。そしてそれぞれのカメラマンにカメラワークの指示をします。Aカメラは大江のアップを中心とした右横顔が基本サイズ。Bカメラは大江の腰までいれたウェストショットから首中心のクローズアップショットまで。Cカメラは大江の左横顔中心のウェストショットからときどき客席へパンして観客の顔をひろう。同じ被写体であっても三つのカメラは種類の違う映像をねらうのです。

音声については、カメラマイクでひろうこともできますが、演台の上にはマイクがありますから、音源はここから分岐したきれいな音を録音機に収録するようにしました。

さらに長時間の収録が予想されたので、撮影のシュートを少しずつ時間をずらして開始するようにしました。Bカメラが最初にスタートし、三〇秒遅れてAカメラ、さらに三〇秒遅れてCカメラがスタートしたのです。これはビデオテープの交換のためです。いっせいにスタートするとテープの終わりが三台とも同時になってしまい、交換のあいだ、収録に空白ができるからです。

●編集段階

この講義は二時間半にわたりました。大江は、かつてトーマス・マンの原作「選ばれた人」を使って映画のためのシナリオを書いた経験を話しました。そのとき、文字で表現されたものと映像で表現されたものの差異を実感したそうです。そのことを、実例をあげて説明し大江自身の映像論を展開したのです。ときおりユーモアを交えて観客の笑いを誘うなど、楽しくてためになる講義でした。

さて、これをどう編集するか。むろん、講義すべてを番組にしてもいいのですが、二時間半そのままでは、見るがわにとっては長すぎます。せめて一時間二〇分程度まで短くしたいものです。

そういった場合はまず、録音されたものを書き起こします。大江の話したことをすべて文字にしたのです。その文章から、繰り返し述べられている部分、本筋ではない部分を省き、文章として一つの流れを構成します。次に、その文章に合わせて撮影した画像を貼りつけていきます。その画像はA、B、Cカメラの三種類のなかからふさわしいものを選択します。これで本編はできあがり。

番組にしたてるにはオープニングとエンディングが必要です。オープニングカットは大江の登場しない大教室の風景にしました。この映像にタイトル「大江健三郎・特別講義——言葉の表現、映像の表現」をつけました。エンディングは、大江が退場して客席がざわつくまでの会場風景にして、終わりというテロップを加えたのです。

コラム17 大江健三郎の講義「言葉の表現、映像の表現」

三〇年前、大江の親友・伊丹十三が、ドイツ映画を共同監督するというプランをもってきたことがあったそうです。ドイツ側の注文は「トーマス・マンの作品を原作にして、それを日本化したものにしてもらいたい」というものでした。そこでシナリオを頼まれた大江が選んだのは『選ばれた人』というトーマス・マンの晩年の作品です。このトーマス・マンの小説を映画的なものにおきかえていきながら大江は分析してノートを作りました。

この小説を最初から読んでいくと、映画的・映像的なイメージと言葉による文学のイメージというものの重なり合いとズレ、映像によってしか表現できないものあるいは言葉によってしか表現できないものというものが二つ重なって、この作品を作りだしていることに大江は気づきます。

いかにも映像的に書かれているのは小説の冒頭部分。ローマの町じゅうで、寺院のすべての鐘の音が鳴り響いて新しい教皇が決まったと歓喜にわくシーン。鐘の音だけが響いてローマというものが表現されている、この部分こそ、小説で書くよりも映像にむいていると、大江は考えました。

この物語は、青年グレゴリウスが数奇な運命によってローマ教皇の座につくというものです。途中、グレゴリウスはとほうもない苦難に遭遇し、一五年間を絶海の孤島で苦行するのです。この場面をどう表せばいいか。周囲になにもなく季節がめぐるだけの平板な自然、来る日も来る日も同じ単調な暮らし、いわゆる画にならないシーンをどう描くだろうかと、大江は学生たちに問いかけます。小説では、マンはこの箇所をグロテスクという手法を用いて実にうまく文学として描いていることを説明します。鐘が鳴っているプロローグから、何十年か後に再び鐘が鳴りグレゴリウスが法王になってローマに帰ってくるエピローグまでは、一つの物語となっていて、これを恩寵の物語として映像化することは難しくないと大江は考えていました。

ところが、小説は、終わったと思われたそこから、主題をくつがえすような小さな物語が始まる構造になっていました。それを映像化する手法がみつからなかったと、大江は告白しました。「映画でやる場合は、ここはもっとも難しいだろうと思うんですよ。二〇年前、僕はこれがどうしても、その最後をどのようにしていいかわかんなかったです。それで、ちょうどシナリオはそこで中断してしまって」。

二〇年前のこの解けなかった課題を大江はいまも考えようと思っているし、新しく映画をやっていこうとする若者にもぜひ考えていってもらいたいと、講義を結んだのでした。

「文学も映画も新しいメソッドを生かしながら新しい表現というものを続けてきた。それを二〇世紀まで実現してきたものの、現在では人間の問題として行きづまりに立っている。その行きづまりの証明として、いまのイラク戦争、アメリカの大きい権力、そして日本の追従的ないきかたというようなことが現にある。そこに新しい光をあてるような表現をするのでなければ、芸術に自分の生涯をかける意味がないと、私は思います」。言葉にしろ映像にしろ、芸術表現は今の時代にこそ新しい問題に立ちむかっていかなくてはいけないと、大江は学生たちに強いメッセージを投げたのです。

第八章　スマホドキュメンタリーに挑戦

8—1　ウェブ2・0の時代の可能性

二〇一三年から明治学院大学社会学部で、私は社会学特講として映像メディア論の授業を始めました。それとは別に、新しい授業の依頼を二〇一四年初頭に主任教授から受けました。「来年度から表現法演習という講座が新設される。実際にシナリオを書いたり小説を書いたりする実戦授業。ついては、二〇名ほどの学生を対象に映像表現の実習をしていただきたい」ということ。京大で実践してきたドキュメンタリー番組制作のセオリーを、関東の大学でウェブ2・0の時代にふさわしく新しい電子機器などを使って更新させることができる。願ってもない機会が訪れたのです。何と間が好いことだろう。欣喜雀躍。

●スマホドキュメンタリーの挑戦

当時、若者の間で、ＹｏｕＴｕｂｅやニコニコ動画など動画投稿サイトが話題になっていました。受講を予定する学生たちの中にもスマートフォンを使って動画を作ったことがあるという者がちらほらいました。そこでスマホの性能がどれほどのものかリサーチすると、撮影された画質はけっして悪くない。デイライト（昼光）の撮影であれば、現行のテレビの画質に勝るとも劣らない。ほとんどの若者がスマホを所持していて操作に慣れている。私はすぐスマホ撮影による番組作りを進めることにしました。ただしバックアップとして一台だけビデオカメラを確保しておきましたが。

『口裂け女』（二〇〇七年）、『カルト』（二〇一三年）など奇怪にしてユニークな映像作品を世に送り出してきたフェイクドキュメンタリー映画の白石晃士監督は、こんな言葉を記しています。《私が今、高校生で映画監督を目指すなら、カメラは間違いなく・iPHONEなどの携帯端末で撮るでしょう。実際に最新の・iPHONEでは4Kで撮影できるらしいし、画の質感を変えるアプリもあるし、そういったものを駆使して、なるべくお金をかけないでとりあえず撮ってみると思います。》(『フェイクドキュメンタリーの教科書』白石晃士　誠文堂新光社　二〇一六年)。

旬の映像作家のアジテーションはまことに説得力があります。私もまったく同意見。新しい授業では、スマホカメラの小型にして高性能という特性を生かした次世代スタイル（2・0）のドキュメンタリーを模索することにしました。

●一年目にしてスマホドキュメンタリーの意欲作

最初の二〇一四年には四つの作品、「明治学院大学の未熟食堂」「写真部部員・池田有志」「まじめにやれ！居眠り学生」「中本！ラーメン作りの極意に迫る」が企画としてオーソライズされました。

学生食堂の実態、ラーメン店の食リポ、サークル仲間の肖像という身近な題材の中で、「まじめにやれ！居眠り学生」はコントロバーシャル（論争的）な作品として登場しました。

教室のなかで散見される居眠り学生を、先生たちはどう見ているか、学生当人は何を考えているかを直撃インタビューするという問題意識のあふれた作品。寝ている学生の姿がたくさん撮られている。室内でノーライト（照明無し）でここまで撮れる、あらためてスマホカメラの威力を見せ付けられました。さらに、当事者である先生と学生も、それぞれ取材に応じて、自分の意見を堂々と述べた。「寝るのは勝手」とクールな先生、「眠いときは寝る」と開き直る学生、そのコントラストが鮮やかに描かれ、作り手の〝演出力〟が際立っていました。スマホドキュメンタリー元年から意欲的な作品が登場してきました。

これらの作品を大画面で後輩たちに見せたところ、驚きと羡望の声が上がりました。

学生の声《映像は思ったより上手でびっくりした》《たかがスマホとあなどっていたが、編集を使いこなすことで、ここまで小奇麗にまとまった作品になるとは思わなかった》《学生でも手法などをしっかり行えば、あのような映像が出来るのだと分かった。ナレーションやテロップが入っていて一つの物語になっていたので見やすかった。》《スマートホンなど小さい電子機器で美しい映像を撮影できることに自分もやってみたい。》

8―2　スマホドキュメンタリー・企画篇

二〇一五年九月秋学期、スマホドキュメンタリー実習も二年目をむかえ演習室には二一名の学生たちがＳＢ（スタンバイ）していました。五人一組の班を四つ編成して、四本のドキュメンタリー番組を作ることを目指します。九月から一二月までの間、一五時限の授業を軸に作業が展開します。（表８―１）

●企画篇

まず企画を立てるにあたってにシバリを掛けました。尺は五分程度、枠は京大スタイルを踏襲して「発見！明治学院大学界隈の××」としました。大学キャンパスおよび周辺の街角でこれぞと思う面白い現象を発見し

自撮り棒にスマホを装着すれば

ハイポジションの映像も簡単

図 8-1　スマートフォンを活用する

表8-1　スマホドキュメンタリー工程表

授業時間	単元	作業内容
第1限	導入	番組制作への誘い
第2限	企画①	企画募集
第3限	企画②	提案票にまとめる
第4限	企画③	提案会議開催　班内企画競争
第5限	取材①	リサーチ　取材構成案を固める
第6限	取材②	本番撮影（1）
第7限	取材③	本番撮影（2）
第8限	取材④	補完・追加撮影
第9限	編集①	ラッシュ試写　ラッシュノート作成
第10限	編集②	編集構成を立てる　ポストイット活用
第11限	編集③	粗編（尺は2倍程度）
第12限	編集④	粗編と試写の繰り返し
第13限	編集⑤	最終編集（クリーンピクチャーの完成）
第14限	仕上げ	ナレーション・音響入れ、テロップの付加
第15限	発表	観客視聴・感想

て、それを映像化するという企画案作り。この場合の界隈とは、大学から半径五～六〇〇メートル以内の目黒、五反田、品川、大崎あたりを指します。

学生たちは、二限目から三限目にかけて、番組のネタ（素材）を探すリサーチから始め、提案票というカタチで企画をまとめます。

四限目の授業では企画提案会議が開かれました。チーム内企画競争としてメンバー全員がプレゼンテーションして自分の企画を売り込みます。企画が採用されれば、その番組のディレクター役につけるのです。採用されるのは四本。企画売り込みの持ち時間は五分。その時提出された二〇本の企画のタイトルは以下のとおり。

1班

消防庁高輪消防署／目黒から五反田界隈／白金どんぐり児童遊園／生協のひとことカード／品川フィッシュガーデン

2班

図 8-2 「都会の釣堀」は二人でリポート

五反田スタジオ「ペンタ」の実態／世界のかけ橋となれ／地域密着型「ドンキホーテ」／明治学院大の広瀬職員／明治学院大のミスコンテストの裏側に迫る

3班

Y先生／東禅寺／グランジュテ・上杉さんのバレエ美／大学を支える清掃員さん／北品川商店街の人々／あじたろう五反田店

4班

図書館あたり／学生食堂のおばちゃんたち／新人教師の一日・S小学校／白金商店街／新しいニーズを狙った「ドンキホーテ」

ネタは一律ではありません。わずか一〇日ほどの間に、学生たちはかなりの精力でリサーチ・取材を行ったようです。品川の釣堀からバレエ愛好の女子大生までとりどりの企画が提出されました。二一本の提案説明が終わったあと、それぞれ質問疑問などが交互に出され、その回答や弁解、決意が表明されるなど白熱した議論が続きました。その結果、次の四本の企画が採用されたのです。

1班は「品川フィッシュガーデン」、都会の釣堀の話題。2班は最初、量販店「ドンキホーテ」の話に決まりそうでしたが、店側が開店したばかりで取材に応じられないとのことで取材が不可となりました。そこで次点の「五反田スタジオペンタの実態」が浮上します。

3班は、画に動きがあっていかにも映像的ではないかということで、「グランジュテ・上杉さんのバレエ美」が決まります。ちなみに「グラン・ジュテ」とはバレエ用語で「大跳躍」。

4班は、小学校の協力を得られるということで、「新人教師の一日・S小学校」を撮影しようということになりました。

こうして四つの班の企画が出揃い、五限目の授業から現場に出ての撮影（ロケ）が始まります。

8—3 スマホドキュメンタリー・取材篇

一〇月、授業は企画を終えていよいよ取材段階に入っていきます。

すっかり秋になっていました。だんだん日が短くなり、撮影時間も夜間に及ぶことしばしばです。後になって分かるのですが、授業開始が午後三時五分、終了が四時三五分というのは、撮影にもっとも不適な時間帯でした。つるべ落としの秋の日。午後四時ともなればとっぷり暮れて被写体は暗がりの中。人工照明（ライト）の補光が必要となります。素人制作であればバッテリーライトのような高額の機材を用いることもできず、せいぜい蛍光灯の元へ誘導して撮影するほかありません。画面が暗くなること（アンダー）は必至でした。午後一番開始の時間帯にすればよかったと少し後悔しました。

しかし、スマホカメラに変更したことはその不利な案件もうまく乗り越えることができました。スマホカメラの解像度がかなり高く、暗いシーンや夜間撮影でもわずかな電灯の明かりで十分撮影が可能（ナイトモード）となったのです。4班の新人教師の取材では、夜の課外活動の撮影がメインとなりましたが、補光をしなくてもクリアな映像が撮れました。

●スマホカメラの活用

基本的な撮影の心得は本書の第3章ビデオデジタルカメラの撮影を参照していただくことにして、ここではスマホカメラ撮影の特性や取扱いについて記していきます。

スマホカメラの機能について学生たちはよく知っていて操作も習熟していました。そこで動画の「撮り方」にしぼって練習をしました。ピント合わせはオートフォーカスなので気にする必要はありません。レンズ交換もしません。スマホカメラの弱点はズーム機能を持っていないこと。必要ならば外付けのズームレンズを利用することになります。

現場に出る前、学生たちはキャンパスの中庭でカメラの扱いや撮影の仕方などをしっかり身につけました。スマホ撮影の場合、三脚はほとんど用いません。手持ちカメラが主体です。フィックス（据え置き）できないので、できるだけ安定したブレない画にするため、カメラをしっかりホールドすることをまず覚えます。

スマホ撮影は簡便で身軽な態勢なので、ついつい動き回りたくなります。これは禁物です。被写体が動くことは動画（motion picture）なので歓迎ですが、撮影するほうが動くのは禁物です。被写体が動いても撮影者はできるだけ動かないこと。落ち着いた画面の確保が大切です。カット（スタートのスィッチを押してからストップまで）の長さは最低八秒キープすること（できれば一五秒は欲しい）。ちょこちょこ撮りはやらない。短いカットは映像組み立て（編集）のときにあまり役に立たない。これらのことを肝に銘じておきなさいと、ロケ出発前に注意しました。

●音をはっきり録音する

3班の「グランジュテ」のディレクターSY君は、自分の属する写真サークルの先輩上杉さんの活動を取り上げました。上杉さんはアクティブで自己を表明することが得意。インタビューが大事な構成要素です。そこでSY君は、スマホ撮影と並行してボイスレコーダーで録音する技法（＊本書3―5「音声と照明」を参照）をしっかり用いたのです。そのことが成功であったと分かったのは、発表時、大画面で映像を見たとき、クリアな音声のおかげで、観客によく伝わったという事実を前にしたときです。

●絵コンテを作る

さてSY君はリサーチを終えた時点で、自分たちの構成案を振り返って、撮りたい要素が増えすぎて作品にまとまりがなくなったと反省しました。バレエを踊ることが好きな主人公の上杉さん、バレエを写真に撮ることが好きで文化祭では自分の作品として発表することにしている上杉さん、文化祭の準備に追われる上杉さん、街場のスタジオでモデルを撮影する上杉さん、と盛りだくさんのシーンを設定したため何を伝えたいのか、どういう物語なのかが分かりにくくなっていました。

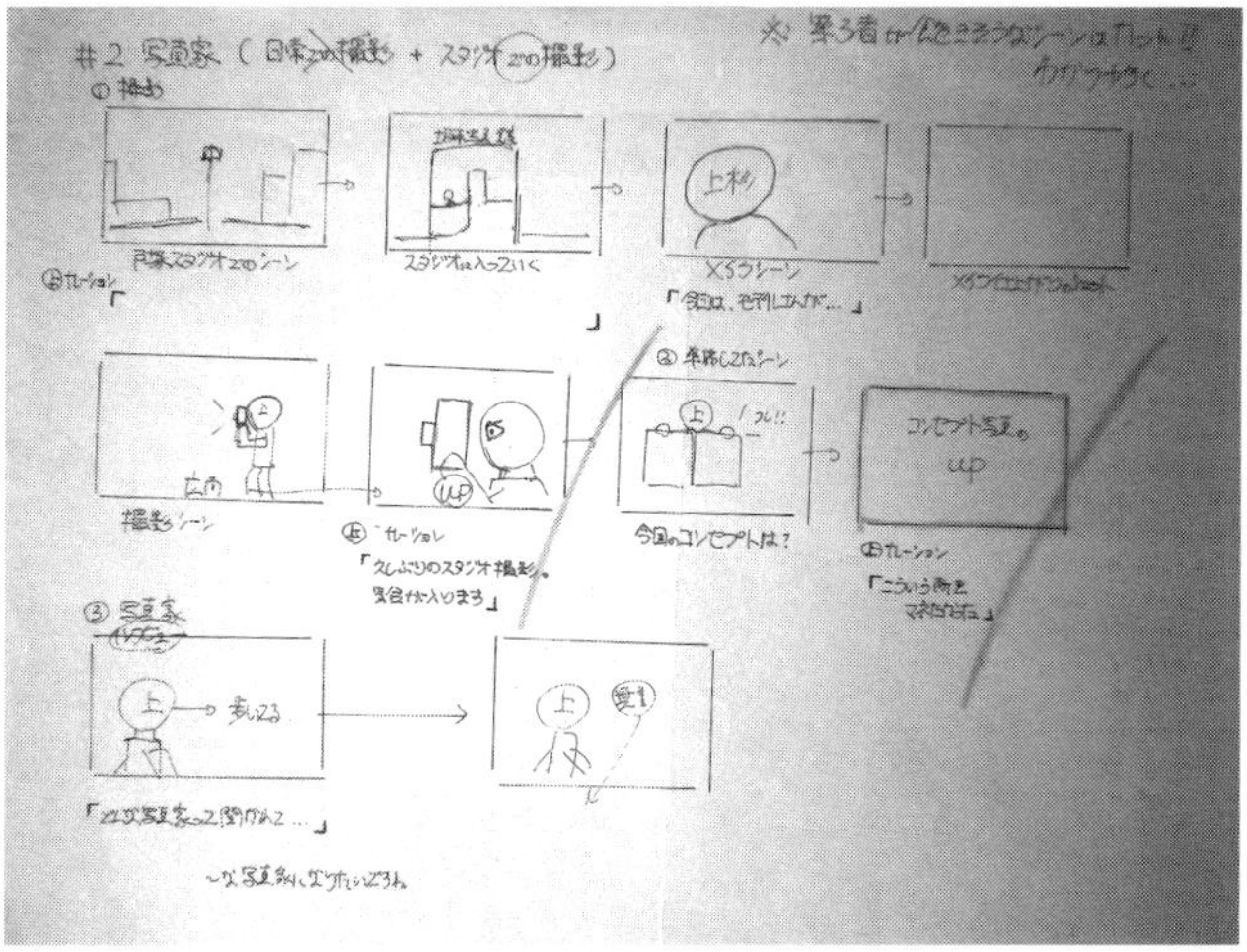

図 8-3　絵コンテ

そこでＳＹ君は文化祭の場にしぼって主人公の姿を追うことにした。撮影は自分でカメラを手にせず、他のメンバーに担当してもらうこともあって、ＳＹ君は説明用に絵コンテを作りました（図８―３）。このことは映像のイメージを他者に理解してもらえると同時に、自分自身でもイメージが統合されていきます。ドラマのようなフィクション系の撮影では絵コンテを起こすことは珍しくありませんが、ノンフィクションの撮影ではやりません。そういうこともあって私はこの方法は教えていなかったのですが、映像体験の少ない学生たちにとってはある意味で有効だということを、このケースを通じて知りました。

●2段撮影―マルチカメラで映像を確保

この演習に参加している学生は全員スマートホンを所有していました。つまり人数分のカメラがありマイクがあるわけです。ロケの体勢がデジタルカメラ時代に比べて大きく変化しました。男女二人のメンバーが司会（ＭＣ）としてカメラの前でリポートをする。別のメンバー二人が、そ

図 8-4　2 台のスマホで撮影，1 台のスマホで録音

れぞれ自分のカメラでその様子をサイズを変えて撮影する（図8―4）。

さらにもう一人がスマホの録音アプリを活用して、マイク代わりに被写体に向けたのです。撮影を担当したSAさんの弁「インタビューではピントをリポーターに合わせるべきか、判断するのがとても難しかった」。

二つのカメラで撮ったサイズの違う画像は、編集するときに重宝しました。短いカットを積み重ねた映像は生き生きしていました。

●撮影時の光の重要性

2班はライブハウスのシーンがメインとなりました。音楽演奏という芸術的パフォーマンスの撮影。SM君は補光の必要性（照明）を痛感します。「撮影時に学んだことは光りにより作品の印象が変わることだ。私の班では光りをうまく使うことができず、作品のトーンが暗くなってしまった。映像作品では光りの使い方が重要であり、作品の印象を左右するものだ。」

ロケが始まった当初は、画が映っているだけで学生たちは歓声をあげていたのですが、授業が進みロケが深まると、学生たちの番組に懸ける期待値や技術力は次第に高くなっていきました。

8―4　スマホドキュメンタリー・編集／仕上げ篇

編集・仕上げ作業がもっとも時間のかかる作業となりました。企画三時限、取材四時限の演習時間に対して編集五時限、仕上げ一時限の合計六時限もかかってしまいました。パソコンによる映像編集作業にメンバーたちが馴れていなかったということもありますが、映像を分解・整理して再構成していく「クリエイティブな作業」というものになかなか順応できなかったことが苦戦の要因でしょう。

●ムービーメーカーで苦闘

映像編集は、マイクロソフト社が無償で配布している、ムービーメーカーというソフトを使って行います。現在、プロも使用する高度な編集ソフトはいくつもありますが、シンプルで無料のソフトということでムービーメーカーを選択しました。

ロケで撮影してきたスマホの画像を、編集作業をするパソコンに移して、そこからムービーメーカーの編集プロセスに乗って編集をしていきます。この詳細を語ることはこの本の任ではないので、知りたいかたはネットで「ムービーメーカーの使い方」と検索して、そのサイトをご覧ください。取扱い説明は文章から動画まで、複数のサイトがありますから、並行比較して読むと、理解が早く進みます。わがメンバーも各自が自宅で独学予習して、編集ソフトの仕組を身につけました。さすがスマホ・ゲーム世代です。私のようなアナログ世代であれば幾日もかかるものを、わずか二日ほどで習熟してきました。

問題はパソコンの操作ではなく、映像のモンタージュです。どのカットとどのカットをつなぐと出来事が見えるのか、自分の伝えたいイメージが現出するのか、自分の言いたい文脈（映像）が成立するのか、この操作がうまく出来ません。そう簡単にノウハウ化することも叶わず、学生たちは四苦八苦しました。とにかくいろいろなカットの組み合わせを愚直に試してみて、その中からもっとも自然に映像が流れているものを探し出すという迂遠な方法をとりました。当然、時間と手間がかかります。あっと言う間に時間が経っていきます。発表会という締め切り日が迫っており、時間が足りません。

中に、編集経験をもつメンバーがいました。手馴れたもので、民間放送の看板番組のテーマ曲に載せて華麗な画作りを見せてくれたものの、物語るという編集にはそれほど役にたちません。「発見！　明治学院大学の××」のねらいをどう伝えるか、何を言おうとしているかがなかなか表わせないのです。ドキュメンタリーは音楽番組やバラエティと違って、筋を通す・物語るということが大事な要件なのです。

とにかく、ひとつの物語に組み立てるため、いったんパソコンを離れて、ポストイットを使ったペーパーエディット（紙の上での編集）から始めることにしました。そして紙上シミュレーションで、なんとなくイメージを掴んだのちに、パソコンで実際に映像を動かしてつないでいく方法をとったのです。映像編集は最後までもつれて、あるチームは最終日の一五限目までかかるという「苦戦」を強いられました。

だが苦戦は楽しい作業でもあったとSM君は述懐します。「編集作業が一番楽しかった。270分の取材時間で撮影した映像の尺は100分。それを5分間の映像にまとめることが編集の目的だ。こうして編集にかかった時間は10時間（600分）だった。映像で伝える5分というものは、恐ろしいほどの力を持っていると思う。」

編集・仕上げ作業は長引いて一五時限までずれこんだため、発表会は不可となりました。結局、その年度で作品のお披露目はできず、翌年度の二〇一六年四月に新二年生を観客にして発表することになったのです。ただし、四つのチームの作品は二〇一五年一一月末にはすべて完成しています。

学生の声 《映像を撮ったあとの編集が大事だということを実感した。それは編集を加えることによって映像を物語のように構成できることから、見ている人の関心を引くこともでき、さらに印象に残りやすいものになると感じたからである。今ではほとんどの人が持っているスマートフォンで高画質な映像が手軽に撮ることができるようになったことから、誰でも映像の発信者になれる時代であることを実感した。》

コラム18 動画は番組を駆逐する!?

たまたまスマホをツールにして「ドキュメンタリー番組」の制作授業を始めたところ、ネットの世界ではそれとよく似た映像が動画と称して若い人たちのブームになっている、動画を視聴する層が爆発的に増加している、ということを知りました。

そういえば二〇一四年頃から、渋谷駅前のスクランブル交差点で、長い棒を掲げる外国人観光客の姿が目につくようになりました。よく見ると、棒の先にはスマホカメラが装着され、そのレンズは棒を持つ当人とその周辺をねらっているのです。自撮り（自分撮り）という撮影行為です。いわゆる自撮り棒

も駆使した映像が動画共有サイトにアップされ、世界中の人たちが視聴することが流行になっています。

そうした動画の作り手を、二〇一五年一二月に、私は番組の主人公として取り上げました。ネット動画クリエーター（ユーチューバー　You tuber）のマックスむらいさんです。彼は北陸の石川県穴水町の出身です。能登半島の小さな町です。彼は高校を卒業と同時に町を飛び出し、そして出会ったのがインターネットの世界でした。東京に出て一五年、村井さんはインターネットの世界で常に新しいことにチャレンジしてきました。

二〇一三年にネット動画でゲーム実況を始めると、その名が瞬く間に広がりました。そして二〇一五年半ばまでに公開した動画は一万三〇〇〇本。総再生回数は一九億九〇〇〇万回を越えています。「私が穴水にいたときは、世界と繋がれるというか、こんなにたくさんの人と繋がれるような未来が待っているってことはまったく想像していなかった。」彼の率直な思いです。

彼がネット動画に惹かれるのは、レスポンスの速さ、動画を世界に公開発信した瞬間に、たちどころに広まり、すぐにリアクションが返ってくるということだと言います。しかもそれはすごい量で、どこに住んでいるかも知らない人からの反応だということ。それらが村井さんを勇気づけたのです。それからしばらくして、小学生のなりたい職業ランキングの第三位に、ユーチューバーが入ったという話を耳にしました。

さて、二〇一六年五月、学生たちに、私は動画がテレビの番組より人気があるのはなぜだろうと問いかけたところ、次のような意見が返ってきました。

○手軽であること。どこでも移動中でも見ることができる。
○オンデマンド。自分の好きなネタの動画を見ることができる。

○暇つぶしに最適。短い時間で楽しめる。
○動画のほうがナマ感がある。
○今起きていることをリアルタイムで見ることができる。
○番組は作られ（作為）過ぎている。飾りが無い動画に好感をもつ。
○動画の映像を視聴する側が、自分で操作でき、止めたり早回ししたりできる。
○話題が身近で親しみやすい。
○型にはまっていない。作者が見せたいものを自由に見せる。規制がない。
○どこから見てもすぐ理解できる。見やすい。
○万人ウケをねらわないから。個人の趣味でもありだから動画は面白い。
○発信する側も楽しんでいる。受信者も楽しい。ウィンウィンだ。
○発信する側は自分の素を見せたい。飾らない自分、ナチュラルな自分を誰かに見せたい。
○前置きが長くない、テレビの出来ないことを見せてくれる。
○コメント欄があって、受信した側の意見が言えること。質問できること。
○毎日ネタが新鮮な動画。番組は完成度は高いが、時間と金がかかる。

動画人気の秘密は手軽で万人が参加できることが大きなポイントになっています。さらにテレビの番組が作り手本位であるに比べて、動画は制作投稿するほうも受信するほうも自分本位で活動できることが最大の魅力になっているようです。例えば、受信する視聴者でも自分の都合で映像を止めたり早回ししたりすることができるのです。

しかも、テレビが見せなかったようなノイジイ（雑音が混じったり、画像が見切れたり傾いたりするような）な映像から身近な出来事までソフトの幅がかなり広いのです。テレビ番組担当者にとって、耳が痛いのは動画の作り手も受け手も楽しんでいるということ。番組を制作する者は果たして番組制作を本当に楽しんでいるだろうか。いつの間にか、「お仕事」になって習い性（ルーチン化）で番組を作ってはいないだろうか。ふと私自身が問われていることに気づきます。

若年層を中心に動画の広がりはこのままテレビ番組を駆逐していくのでしょうか。たしかに動画の勢いはあります。若者はどこでもいつでも携帯端末のスクリーンを見ています。比べて、年々若者のテレビの接触率が低下しています。趨勢は動画に傾き、テレビ番組は置いてきぼりを食うのでしょうか。

私はそうは思いません。江戸時代、俳句や川柳などの短詩型が盛んになったからといって、戯作人気はけっして落ちなかったというエピソードを思い出すのです。それぞれジャンルの特性があって大衆は一つだけに捉われることなく文芸を楽しんだのです。寛政の改革で戯作が弾圧を受けて衰退した時代を救ったのは、式亭三馬や十返舎一九などの優れた書き手の存在でした。番組分野でも、平成の三馬、一九の登場を私は待ちたいと思うのです。きっと新しい映像感覚を持った新しい世代が、これまでとはまったく違う映像世界を切り開いてくれると願うのです。「新しい人よ目覚めよ」。

おわりに——授業を終えて

ドキュメンタリー番組をどうやって作るかということのおおよそは、この授業を通じて学生たちに理解してもらえました。五分程度の短い番組の制作ならもはや難しくないでしょう。でも、ここまではドキュメンタリーの基礎にすぎません。大切なのはこの表現を使ってこれからなにを描くかということです。

私は、全国の大学放送サークルが参加する放送コンテストに審査員として招かれたことがあります。全国の大学から二〇〇本をこえる作品が集まっていました。そのうちから、各ジャンル二〇タイトルが優秀賞として選ばれます。ラジオ音声部門はともかく映像部門においてはドキュメンタリー作品が少なく、映像CMジャンルに応募が集中していました。どうやら学生の関心は物語として構造化されたドキュメンタリーよりも、フォトジェニックなCM映像にあるようです。作品の傾向を見ても、取材や構成へのこだわりは少なく、ビジュアルエフェクトや音楽に力が入っています。つまりなにを伝えたいかより、いかに作りあげるかに学生たちの興味はむかっていました。

映像制作を覚えると、つい「画になるもの」や「わかりやすく短い物語」を主題にしがちです。映像という表現がもっとも効果的に生かせるショートコントやミニドラマを作りたがり、ドキュメンタリーのような時間と手間とお金がかかるジャンルを敬遠します。それは、プロのように潤沢な予算や立派な機材がない個人制作では、ドキュメンタリーははなから無理だと決めつけているせいではないかと推測されます。

かつて、フィルム撮影のドキュメンタリーとして、個人制作でありながらすばらしい作品が生みだされた例があります。ジョナス・メカス。リトアニア出身の映像作家です。彼は第二次世界大戦中に地下運動にたずさわり、ナチスの強制収容所に送られました。そして戦後アメリカに亡命します。そこで一六ミリのフィルムカメラを手に入れ、日記のように身のまわりを撮り始めたのです。

その彼が二七年ぶりに故郷リトアニアを訪れたことを中心に構成されたのが、『リトアニアへの旅の追憶』。そこで彼は母や古い友人たちとの再会をはたしながら、故郷の風景を撮影してゆきました。たった一人で撮影し、かつ編集して一本の作品に仕上げたのです。帰郷というシンプルなテーマをみずみずしい感性でとらえた映像は、個人映画の傑作ともいわれ、個人の映像制作の可能性をおおいに広げました。

第六章でも、私は「親の人生」や「心の旅」など個人の物語を映像化する方法を提示しました。これ以外にもたくさんの素材や主題があるはずです。その方向をぜひ模索していってください。

学生の声 《この授業で伝える側になってみてあらためて実感したことがあります。「完全に客観的な情報はありえない」ということです。当然のことですが、テレビで放送されているドキュメンタリー番組は、人間（ディレクター、カメラマンなど）の意思に従って取捨選択され、編集されています。それだけでなく、その映像やインタビューの質問など、どの部分をとってもそうだといえるのかもしれません。それは視聴者が真実だと信じて疑わないニュースでも同じことがいえると思います。「すべての情報は、誰かの主観を通したものである」ということです。しかし、これは情報発信者が人間であるかぎり、仕方がないことです。もちろん、情報発信者の側も最大限の配慮をしなければならないでしょうが、重要なのは受け手がそのことをよく認識し、与えられた情報をよく咀嚼し、なにが事実でなにが情報発信者の主観であるかを考えることであると思います。ニュースであれば話は別ですが、ドキュメンタリーの場合、制作者の意図も非常に重要な部分であり魅力であると思うので、なおさらそういえると考えます。そういう意識があれば、たとえば「ヤラセ」に関する問題など、ドキュメンタリーのみかたも変わるのかもしれない、と思います》

あとがき

テクノロジーの進歩はすさまじいものがあります。本書の前著として書いた『ドキュメンタリーを作る』（二〇〇六年）の時代には予想もつかなかった変化が、この一〇年の間に起きていました。

昔（といっても一九七〇年代）の二インチVTRカメラ時代にロケ撮影した画面より現在のスマホで撮った画面のほうがはるかに鮮明で美しい。収録時間もメモリーカードを駆使すれば格段にスマホのほうが長い、という現実が目の前で起きています。

しかもスマホ映像はSNS（Social Networking Service）などネットを通じて多様な「観客」に供給することが可能になっています。二〇年前には動画の情報量が大きく、圧縮しないとウェブで流すことはできないと考えられていたのですが、今では高画質の映像すら流通するほどです。

今、街場の個人制作の動画があふれています。二十一世紀という時代はおびただしいこれらの映像が記録し表すことになるのでしょうか。たしかに七月に起きたトルコのクーデター未遂事件でも、市民が撮った〝戦場〟映像がテレビやネットの中で大きな存在となっていました。ですがその映像はほとんど断片です。全体がどういうものであるかは明示できません。オープニングやエンディングを備えた構造にはなっていません。そこまで行くためには作り手は自意識を持たねばなりません。事件に遭遇して作り手は何を感じ考えたか、事実を取材して後、整理かつ再構成するという自意識を高めなくてはなりません。本書『ドキュメンタリーを作る　2・0』はその端緒をどこよりも早く開きたいと、前著のバージョンアップを図りました。本書が二十一世紀を生きる人々による同時代的記録という世界史的営みに、いくらかでも貢献できれば幸いです。

◎タ行

◎ナ行

◎ハ行

◎マ行

◎ヤ・ラ・ワ行

索　引

［著者略歴］
山登義明（やまと　よしあき）

1948 年、敦賀市生まれ。
1970 年、NHK 入社。大阪局を振り出しに、東京・長崎でディレクターとして番組を作り、東京・広島でチーフプロデューサーとして制作統括。主に教育教養系のドキュメンタリーを担当。
2005 年、NHK を定年退職、NHK エンタープライズ入社。
2013 年、NHK エンタープライズ退社。
現在、フリーランスのプロデューサー、京都大学文学部 講師。明治学院大学講師。

◎代表作品（テレビ番組）
〈ディレクターとして〉
NHK 特集「黒い雨――広島長崎原爆の謎」（地方の時代賞・特別賞、1986 年）
NHK スペシャル「世界はヒロシマを覚えているか」（1990 年）
〈プロデューサーとして〉
NHK スペシャル「響きあう父と子――大江健三郎と息子光の 30 年」（国際エミー賞受賞、1994 年）
ハイビジョン特集「闘う三味線　人間国宝に挑む～文楽・一期一会の舞台」（2007 年 6 月、ATP 賞ドキュメンタリー部門大賞、総務大臣賞　受賞）

◎著書
『キミちゃんの手紙――ナガサキ被爆女学生の記録』（未来社、1985 年）
『もう一度、投げたかった――炎のストッパー津田恒美・最後の闘い』（大古滋久と共著、幻冬舎文庫、1999 年）
『テレビ制作入門――企画・取材・編集』（平凡社新書、2000 年）
『冬のソナタから考える――私たちと韓国のあいだ』（高野悦子と共著、岩波ブックレット、2004 年）

ドキュメンタリーを作る 2.0――スマホ時代の映像制作

2016年 9 月 5 日　初版第一刷発行

著　者　山　登　義　明
発行者　末　原　達　郎
発行所　京都大学学術出版会
京都市左京区吉田近衛町69
京都大学吉田南構内（606-8315）
電　話　075 - 761 - 6182
FAX　075 - 761 - 6190
振　替　01000 - 8 - 64677
http://www.kyoto-up.or.jp/

印刷・製本　株式会社 太 洋 社

ISBN978-4-8140-0046-3
Printed in Japan
定価はカバーに表示してあります